我们的·乡间米道

黄勇娣 编著

復旦大學出版社

自　序

米道，是取了上海话的发音，就是"味道"的意思。乡间米道，意即乡间的味道，既是对乡间美食的探寻，也是对都市人乡愁的回味和表达，更是对上海周边乡土生活和文化的记录。

作为一名记者，我在上海乡间行走十多年，除了采写各类主题报道，还练就了一项小小的业余本领，那就是对哪个区有什么正宗特产、哪个小镇有什么地道农庄、哪家农家乐的哪道菜最好吃"知根知底"，可以做到如数家珍……久而久之，有同事或朋友要去市郊游玩，都会来找我推荐吃、住、玩的地方。

五六年前，我所在的报社进行新媒体改革，我们部门开了一个自媒体公号，取名"乡间米道"，建议我好好写写沪郊的吃喝玩乐。这就是乡间米道的由来。

后来，随着"上观新闻"新媒体的崛起，我申请开辟了"乡间米道"专栏，定期采写关于美食和乡愁的文字，一度备受关注，每篇文章出炉都能收获不少点击量，并在同事和朋友中引发讨论，其中不少美食文章还被人悄悄收藏，以备下乡觅食之需。再后来，在许多朋友的劝说下，我开出了个人微信公号"乡之米道"，希望能以更自由、更个性化的方式，挖掘乡间美食、乡间人事，表达对乡土生活的喜爱和向往。

几年来，在这个微信公号里，我做了各种探索和尝试，渐渐地把自己个人的表达，变成了整个朋友圈的“乡间米道”体验和写作交流。一开始，是吃货朋友带着我去芦潮港码头、金山嘴渔村、老沪杭公路等地方寻找特色小店、乡土菜肴，后来，是一些古镇或小店主动邀请笔者去品尝美食、挖掘报道，再后来，笔者认识的一些郊区干部或朋友也心痒难耐，拿起笔主动帮笔者写起了这一类型的文章，于是公号上陆续出现了“儿时米道”“故乡米道”“年味”“春味”“我的传家菜故事”“米道科普”“绿色米道”系列推文……渐渐地，“乡间米道”还成了一种现象，一些地方甚至以此为切入点搞起了文明创建和民俗活动。

在友人们的文章里，我收获了不少感动，也惊讶于各行业人士的文笔功力。金山区一位女干部看起来风风火火，但没想到，她拿起笔来写的一篇《妈妈的多心菜》却细腻无比，把祖母含一片多心菜在嘴里半天的细节写得幽默又让人心酸，让人在乡土美食的回味中，感叹过去生活之艰苦和人世温情之美好。时隔一两年，某天深夜，她在繁忙的党务工作之余，又写了续篇《父亲的豆瓣香》，同样风趣而伤感的文风，表达了亲人之间平凡而伟大的情感。类似的文章，还有《那一碗馄饨》《西港桥吃面》等，带人们品味的不仅是美食，也是个体的人生体悟，都有着淡淡的忧伤、浓浓的情谊。至于“我的传家菜故事”系列，更是激发了朋友们表达的热情，大家纷纷拿起笔记录下家的味道、亲人的味道、爱的味道，以及美食故事里的醇厚家风。

在我看来，乡间米道的红火，也契合了当前一种思潮，说它是“逆城市化”也许太简单，但都市人越来越渴望回归乡土是个事实。即使不能拥有诗和远方，至少还能去乡间走走逛逛、吃吃喝喝，让心灵休憩片刻。“乡间米道”是一个好的载体，不管是关于“吃”，还是关于“乡愁”，或是关于“人间温情”，都能引起共鸣、实现共情。

不得不说的是，“乡间米道”快乐生长的过程中，也得到了各方的关爱和支持，在这里对上观新闻、上海市金山区委宣传部、上海市农业科技服务中心、上海市农产品质量安全中心等部门一并表示由衷感谢。

最近，我重读了几年来的“乡间米道”文字，从中精选部分，集结成册，希望能以更郑重的方式进行记录和收藏，留住上海乡间的特色美食，留住作者们难忘的生命情感体验，留住上海郊区乃至远方故乡的民俗文化。对于我和朋友们来说，这也是一场线上线下互动的乡间雅集，希望能与更多读者和朋友分享。

黄勇娣

2020 年 7 月 26 日

目录

【代后记】

第一篇章

岁|月|之|味

屋　　后

黄勇娣

第一次，父母离家超过了两个月，达到了近半年。中秋前，他们终于有些按捺不住，几次表白来上海住得开心的同时，也提出希望回老家待一段时间。

我决定开车送他们回老家，顺便自己也回去看看。于是，国庆假期，在经历了 14 个小时的堵车之旅后，我们终于回到了 300 公里外的苏北老家。

院子的门锁已生锈，折腾许久才打开。但推开门，小小吃了一惊：偌大的一方水泥场地上，再也不是灰白的、干净的，而是狂野的、热闹的，一株株青绿壮实的野草，仿佛长成了一丛丛灌木，它们是硬生生从水泥缝隙里钻出来的，只用了几个月时间，就把父母几十年的地盘，变成了它们恣意生长的天地。

父母开始铲草、扫地、擦桌子，想尽快恢复"家"的模样。而我，却习惯性地溜到了屋后。实际上，每次回老家，我首先想看的，就是屋后。平时在上海，奔忙间隙，夜深人静之时，我能想念的家乡，似乎也就是这屋后的种种。

屋后，是父母的一块菜地。它挨着浅浅的小河，只有不到 10 个平方，而且时常被河里疯长的芦苇侵扰。但就是这小小一块菜地，满载着“家”的富饶，一年四季源源不断长出青菜、萝卜、红薯、扁豆、黄瓜、南瓜、青蒜、小葱等。接近晌午，父亲只要去屋后转一圈，就能捧回一堆水灵灵的食材，立刻做出几道新鲜可口的菜。

而我，在家乡的几日里，总喜欢在清晨起床后，跑去屋后菜地边发呆，看看嫩绿菜叶上晶莹剔透的露珠，摸摸土壤里露出半截身子的白萝卜，再端详一会儿昨日刚掐过、一夜之后又悄然长出一撮新叶的小葱……一缕清风吹来，惬意的同时，仿佛又嗅到了儿时的气息。

十几岁的我，喜欢爬到屋后一棵小桑树上，寻一个最舒适妥当的枝丫，把那里当成自己的专享宝座，然后孤独而忧愁地眺望远方。有段时间，又对着屋后小树练起了飞镖，立志要当一名侠女。那是我的“不识愁滋味、强说愁”的少年时代。

几年前，人生困顿，回乡休憩。闲来溜达，见邻家香椿树长得茂盛，情不自禁偷尝了嫩芽，又拔了两株无根小苗，小心翼翼种于屋后菜地一角，临走叮嘱父母：不要清理，说不定能成活！隔年回乡，看到屋后一人高的香椿小树，目瞪口呆之余，将它作为“为了忘却的纪念”。

此番，父母离家数月，屋后菜地无人播种与收获，想必那里已野草疯长、满眼芜杂。但走到屋后，我立刻感受到了一种秩序，父母几个月前种下的南瓜小苗，藤蔓和叶子已覆盖了半片菜地，底下的一只只青黄色南瓜若隐若现……但另外的半片菜地，却没有一丝杂草，其中一畦还覆上了碎稻草，小蒜已冒出了尖尖头，菜地周围则绕了一圈绿色，那是一株株长势喜人的小葱。

正疑惑时，院子里传来了三姑与父母的谈话声。原来，父母不在家时，三姑隔三差五来照看这片菜地，收了蒜头，清了杂草，种了小葱，理了瓜蔓，秧了蒜籽……她还拎来了两只大饮料瓶，里面装满了晒干的蚕豆，说是屋后菜地的收获品，让父母炒来给我吃。

第二天，父亲又扛着耙子去了屋后，翻了剩下的巴掌大的地，说是晾一晾，让土壤透个气，就可以撒点菜籽，过不了多少日，就可以吃上小青菜了。闻听此言，我好想在家里多待上一段日子，每日清晨去屋后看看，地里的菜籽发芽了没，小菜苗又长高了几寸，菜叶上是不是有青虫了……

姐姐的小儿，有点像我。每次下乡，他必找出外婆的小铲锹，在屋后挖土、种菜、浇水，埋头劳动小半天，还舍不得走。他搬一只小凳子，让我坐在屋后陪他，方便他一边干活一边问“十万个为什么”。临走，他摘了几片芦苇叶子，给他妈讲解：“妈妈，你知道这叶子上为什么有两排牙印吗？二姨说，古代有个人在外地工作，端午节没来得及回家陪爸爸妈妈吃粽子，就在半路上摘了粽叶，咬上两口……”

姐姐和我相视一笑。这个传说，还是小时候听父亲讲的。犹记得，那些年，心中住着一个野小子的我，一次次去野外沟河边摘粽叶，就是想亲眼看一看，是不是每片叶子上都有两排牙痕。

西港桥吃面

万斌斌

老家嘉定黄渡。近年来,很少回老家,即使回去了,也很少去古镇老街走走。

去年,高中同学相聚,一帮人闲步老街,看到桥边饮食店的老房子,突然有人欢欣雀跃起来:“看,就是这家,专门下猪油清汤面,好香!我们高三在这里吃了一个学期的阳春面啊!”

还记得,到了高三下学期,毕业班的氛围陡然紧张起来。为了节省上学来回路上时间,学生和家长都自觉地选择了寄宿,一天超过三分之二的时间都在紧张的学习中度过。对我来说,唯一可以找到些许乐趣的,是可以自由支配父亲每周给的 2 元钱生活费。作为一个农村学子,在当时的条件下,这算是家庭给予的最大支持。不过,父母的期望,也使我倍感升学考试带来的巨大压力。

学校和宿舍、食堂隔着一条街,位于老镇东港桥附近。我们起床极早,食堂不供应早饭,一般都与要好的一帮同学从宿舍步行到西港桥附近。那时,饮食店还未开门营业,此刻旭日将升,朝霞映在河边民宅上,极尽清新自然的姿态。晨风徐徐吹来,令人从心头到骨头,都为之一清。我们就坐在石栏杆上,拿出书本默念背诵功课。

过不多时，饮食店开门营业。店铺不大不小，可容摆放四五张八仙桌，大家早已饥肠辘辘，向服务员吆喝着，报出不同的早餐品种。其实，无非是花一角钱吃一碗阳春面，或一副大饼油条加豆浆，绝不会有第三种选择。

厨房紧挨着店堂。透过厨房门，可以看到师傅下面条的情景，里面光线不太清楚，但见偌大的灶台上摆放着十几个海碗。师傅会按照外面的吆喝声，依次将一把把面扔进汤锅里，很快，一把把面条在汤锅中依次浮出，绝不掺杂在一起，师傅拿起颀长的筷子，轻轻搅一下便可出锅。

一会儿，一碗阳春面就会端出，根根利利爽爽，淡酱色的面汤清澈见底，汤上浮着大大小小的金色油花和翠绿色碎葱花，香气扑面而来。我们素来很少吃肉，到这会儿，闻到阵阵的猪油香，就算有倾慕的女生在，也会发出“吸溜”“吸溜”的声响，直到面碗见底，还余兴不减，颇有些不雅。

“陆惠华，侬帮金月萍就勒格个地方，开始谈朋友格！”“瞎三话四，没格个事体格……”此刻，不管是浓发尚在，还是微已谢顶，都沉浸在欢快的高中时代。

“昨日与君别，儿女忽成行。”这两句诗，最能解释这三十年的时光飞逝。同学相聚，总在热闹中夹杂小小的伤感。而此刻，伤感，就出现在了眼前这西港桥边的饮食店上：它已关门多年，破旧不堪，只留下依稀斑驳的印痕……

时光，已将曾经的刻骨铭心，完全覆盖。

那一碗馄饨

丁叶红

由于父亲早逝，我是由爷爷奶奶抚养成人的。因为外来户没家底的缘故，小时候家境一直不好。为贴补家用，爷爷奶奶曾在上海金山廊下镇的邱移小集镇上开过馄饨店。据说，因为滋味鲜美，生意还不错。

但那时候，馄饨是用来卖钱而不是自己吃的，所以我并不知道鲜美到底是个什么滋味。我开始工作，并有了微薄收入后，爷爷奶奶对我经济上的克制比之前宽松很多，我们也终于有机会包馄饨自己吃了。

皮是普通的皮，馅是普通的馅，做法是普通的做法，一家人坐在一起，踏踏实实地品尝着属于自己的味道。说实话，我那时觉得味道尚可，并不惊艳。

直到一天下午，我第一次带男友回家。看着面前的小伙子，爷爷奶奶双手直搓，嘴里嗫嚅着，不知道说什么好。爷爷一边抹桌凳让他坐，一边问“午饭吃了没有”。爷爷几十年改不掉的江苏口音让男友很困惑，我只得在一旁给他解释。在得到肯定回答后，又问“想不想吃点什么”。男友有些窘迫，因为那时才刚过下午一点。

之后,两位老人在厨房里窸窸窣窣地不知道说了些什么,爷爷就推着自行车出门了。稍晚些回来,才发现他买回了馄饨皮和一块猪肉。奶奶麻利地洗肉、剁馅、调味、包馄饨,爷爷用肥肉、小葱熬了猪油,下了一锅馄饨招待我的男友。

小心翼翼地捧着满得快溢出来的大海碗时,男友有些犹疑地望了我一眼。他拿起汤匙吃到第一口的表情,我至今还记得。他激动地说,这个真的好吃,眼睛闪闪发亮,还微微点头。然后,全没形象地呼噜呼噜一口气把馄饨吃光了。我不知道是不是这个举动打动了爷爷奶奶,以至于他们放心地把自己亲手养大的孙女儿交到了这个小伙子手上。

之后,我们成家了,我离开了深深依赖 12 个春秋的爷爷奶奶。再之后,我们有了自己的孩子。每次回去看望爷爷奶奶,他们都会搓着手问我先生:吃过了么?要不要煮碗馄饨?然后,奶奶洗肉、剁馅、调味、包馄饨,爷爷掌勺,下一大锅馄饨给先生解馋。

先生回去向自己的母亲描述爷爷奶奶的那碗馄饨时,总是感慨:为什么那么鲜美呢?是因为用的猪油么?是因为猪油经过小葱炸制么?还是因为包馄饨的手法?不得而知。

三年前,奶奶患上了老年痴呆,对着我唤已故姑姑的名字,看着先生叫姑父的名字。她再也不能洗肉、剁馅、调味、包馄饨了。爷爷在井沿边洗菜时摔了一跤,在医院里住了半个多月,之后又被倒车的小汽车剐蹭跌倒,安装了人工股关节,再也不能骑车买菜了。每次回去看望爷爷奶奶,握着奶奶日渐干瘦僵硬的手,我都有一种莫名的紧张和焦虑。

现在,去看望爷爷奶奶,先生会提前关照自己的母亲多包些馄饨,当天去的话就用保鲜盒装了带上,隔天去的话就经冷冻成型后第二天捎着。陪着坐一会儿,他就会让我起身去厨房煮馄饨给爷爷奶奶吃。

随着年纪的增长,老人的味觉越来越差,吃口偏咸,先生因此叮嘱要稍微多放一点盐。孩子随行,常常跑到屋外,他却一直陪坐着,听爷爷念叨,听那些至今还不太懂的江苏话。

妈妈的多心菜

顾菊英

最近,鲜嫩的多心菜又上市了,妈妈也随之忙碌起来,赶着要让我们第一波尝鲜。

我家在金山工业区,也就是原来的金山区朱行镇。10年前,随着金山工业区的开发建设,我家也加入了动拆迁行列。那天,当载着满满家什的车就要启动时,母亲急急忙忙又去拎了个咸菜瓮出来,说是为了今后腌咸菜方便。她舍不下那份咸菜情结。

实际上,这10年里,何曾还用得上这个咸菜瓮!不过,尽管不再大规模腌咸菜了,每年的这个季节,母亲总还是赶着让我们尝到第一波腌制的多心菜。

记得还在老家时,母亲腌的咸菜可是常年不间断。特别是多心菜,每年秋季,母亲都会种上四五十棵,等到来年开春时,可爱的多头娃娃就会舒展脑袋,一个个蹭蹭探出来。此时,母亲就会挑上最鲜嫩的两棵,赶着让我们尝鲜。

我们围着母亲,看着她娴熟地掰叶,切片,洗净,沥干,放在盆子里撒上一层薄盐,反复地颠挫着,一见有汁水出来,马上下点自制的泡椒,拌匀让它加速熟度。就这样,我们眼看着刚才还生机勃勃的一个个菜头，只五分钟的时间，就被盐水腌制得服服帖帖了。

此时，端整一下后，要压实了。因我力气大，端上大盆的水总是我的任务。母亲说，这压实的时间一定要达到12小时，少于这个时间，就仍有辛辣味，多于这个时间，就会偏老而不脆。对于我们这些馋鬼来说，这12小时太漫长了。

可是，真过了这个点，母亲又是一番捣鼓。此时，卤汁已经漫过了菜心，母亲就会捞出一片“嘎子”咬一口，这一口，可是咸淡口感尽掌握，为后续的精加工运筹帷幄。接着，她捞一把，拧一把，把菜心放进尼龙绳网袋，说是要再压干，不然放两天就会酥掉，压干过的吃起来更会脆。

这一压，又是漫长的12小时。我走过去时，总是要盯一下，是否可以吃了。有时实在忍不住，就会在这件“金缕玉衣”里抠出一片，偷偷吃起来。此举，总是被母亲发现，并得到亦真亦假的训斥。

最后，这层网袋“外衣”终于被褪下，一个大大的玻璃大口瓶已经等在那里。瓶子必须擦干，不得有一丁点水分。将菜心装到半瓶的当口，母亲开始往里放白砂糖和醋，同时上下翻转。母亲说，当年，买不起白糖的时候，农村人只能用糖精，放多了就会发苦。现在条件好了，有时还可以放蜂蜜呢，口感更好。

正说着，母亲已经拧紧了瓶盖。我们央求着，先尝尝吧。母亲说，现在不好吃，再等一个晚上。其实，这一晚上，我不知去拧了多少次瓶盖。

就这么过了三天三晚，酸爽清脆的多心菜腌制完成。那时，体弱多病的外甥女总是期盼有外婆的多心菜来开开胃，多下点饭。而父亲的一绝，则是小酒配多心菜。不仅如此，这个季节，父亲还特别喜欢吃泡饭。他说，多心菜就泡饭，比什么都好吃。

那时，已经掉完牙的奶奶也馋那口，可却咬不动，她就会在饭里浇上多心菜的汤汁，拌一拌，品的就是这个味。有时候，还会衔上一小片多心菜，孵着太阳吮上小半天。

而我呢，告诉你们，腌制的多心菜就是我一个季节中的零食了。所以，母亲一个春季都在忙碌着腌制多心菜。

多心菜在母亲的手上会变成宝。新鲜的，她还会加上肉片炒，是上佳的招待之菜。当年，一时半会儿没及时吃完变酸了的，就会加上一块老豆腐，做出一道“酸菜老豆腐”，格外的鲜美。那些掰下来的叶子，经过两个日头的翻晒，切成小粒，母亲把它们做成梅干菜，又是日后一道独具风味的私房美食。

如今，农民变成了市民，家人都搬进了楼房，再也没多少空间来置放这些多心菜。母亲只能一次买它个三棵四棵来做，让家人解解馋。在外读研的外甥女，最想念的还是外婆的多心菜。父亲就着多心菜下小酒的劲头，仍然不减当年。而我，一下班看到房间桌上多了个瓶子，里面盛着母亲刚腌的多心菜，心里顿时满满都是幸福感。

父亲的豆瓣香

顾菊英

蚕豆熟了,豆瓣又香了,我又开始想我的外公了。

父亲是入赘的。大概是因为在那个年代入赘而没改姓,也或许出于对我母亲深深的爱,父亲对我的外公外婆有特别的表达。打从我记事起,我的外公就是一位瘫坐在藤椅上的病人,我每天睁开眼的时候,看到的就是父亲正把外公搀扶到大门口的那张破旧藤椅上,夹着外公的胳膊肘,父亲那时年富力壮,动作娴熟,一气呵成地将外公抱上座。那张藤椅已经是布条缠身,但它就像外公一样,虽是病躯却也永远那么整洁干净。父亲忙碌的背影上,尽是外公感激温暖的目光。

父亲总是变着花样让每天永远在大门口坐着的外公如何消遣他的健康的肠胃。每年立夏一过,父亲就会在忙完一天的春耕农活后,在昏暗的灯光下连夜剥着新鲜的蚕豆荚,又一颗颗把豆子剥成豆瓣。哪怕已至半夜,他也会关上房门,架起油锅,开始氽豆瓣。为的是第二天让外公能够尝到第一波的最上口的豆瓣子。因为,立夏过后三天里的蚕豆,做成氽豆瓣最松香,细细地嚼,会嚼出一股沙沙的口感,这对于老人是最适合的。接着的几天时间里,父亲每晚都会赶制氽豆瓣,拿出已经囤积许久的玻璃瓶,灌满好几瓶他才安心。

于是，外公就可以每天捧着那个玻璃瓶，在大门口时不时地摸出几粒来，颤颤悠悠地扔进嘴里。我会突然发现，那段时间里，外公的双手不像平时抖得那么厉害了。扛着锄头路过的左邻右舍，总是不断重复打招呼："你家春弟把豆瓣又氽好啦！"外公舍不得腾空出他的舌头，只是报以乐呵呵的笑。

如今，四十多年过去了，每年这个季节，再好吃的零食也难挡父亲的氽豆瓣，它也成为了我们家桌上的主角。这时，父亲也感觉到他的光辉形象能得到最大化的发挥。近一周的时间里，左邻右舍来不及吃就已经老皮了的青蚕豆，父亲总是来者不拒。搬个小板凳，乐此不疲地一直剥着剥着，手指头上剥得满是绿色的年轮。如今，他为了让孩子们吃得更健康，竟然让豆瓣们也享受"至尊待遇"，开始用橄榄油来氽豆瓣。趁还在冒热气的时候，撒上一层薄薄的细盐花，能够让盐花就着尚存的油渍瞬间融化进豆瓣的肌理里。这个黄金时间一点都不能耽搁，这也是为何父亲做的"豆瓣三代"还是那么受宠。

现在，我的兄弟姐妹都已各自成家，父亲就会像外公还在世时一样，提前囤积瓶子盒子，为的就是帮一家一家把豆瓣分好，待节假日大家各自来取。有时，某个孩子赶不回，父亲会因为一盒豆瓣有了可以乘车去看望的理由。看着他们在米粥里撒上几粒，抑或是看电视时嘴里塞得忘了肚胀，他总是特别满足。于是，第二天又是一番忙碌。

青蚕豆也就是短短一周的时令。父亲为了让这些豆子做出更大的贡献，会进行即时速冻，到时候，白花花的冻霜豆瓣又将有另外一番"华丽转身"。父亲心思细密，节假日我们大家族聚餐时用的，冻成大块日常人少的时候就冰成小块的。这些豆瓣，选上两根老黄瓜，可是一道城市里尝不到那个味的老黄瓜炒豆瓣。若是配上已经存放至酸味出水的妈妈的多心菜，再放上两只出沙的番茄炖汤，那可是太下饭了，可以干掉两碗米饭。若选上一把个头小一点的颗粒，打几个草鸡蛋，调入六月鲜，做成了豆瓣铺蛋，在整张的金缕衣中探出一颗颗碧绿的小豆子，煞是可爱，这可是骗小外甥们大口吃饭的一道绝妙菜。头道的嫩韭菜，整齐划一混到已经翻炒得略出豆沙的豆瓣中，沙泥裹着的韭菜可以尝出蟹粉的味道。等过后半个月，豆子全部变老后，父亲就会把老豆子浸泡一天一夜，在第二天晚饭时剪成兰花豆，淋上菜油直接隔水蒸，这道清蒸兰花豆会被吃得连汤汁也不剩。

对这些豆瓣，父亲可以变着花样烧成一桌的豆瓣宴。我们总是说，父亲又在烧“金木水火土”了。它们中的每一道都是那么朴素，犹如父亲和母亲半个世纪的爱。

年节里的苏北肉圆

黄勇明

时间匆匆而过，一晃已是三十好几的人了。但儿时的味道，却在舌尖和心底牢牢扎了根。其中，最让我自豪的，就是父母亲手做的苏北肉圆。

小时候吃肉圆，要么是在亲戚家的酒席上，每位客人按份子享用三只肉圆，要么是在过年前一两天的晚上，此时已接近“忙年”尾声，父母为了那几百只肉圆，要准备上一天的时间，而我们姐弟仨一直在旁边逡巡、等待……

一大早，父亲就骑着自行车去了镇上的菜场。他是个急性子，只过了个把小时，就又推着自行车出现在了院门外。自行车的前篮和后座上，堆放着做肉圆必需的材料：五六斤肥瘦相间的五花肉，一大把绿油油的小葱，三四两黄灿灿的老姜，还有一小包淀粉……当然，还有两样主要材料是不用买的，糯米和鸡蛋。糯米是自家产的，特意留到过年，鸡蛋是家里母鸡生的，攒到几十只，才够用来做肉圆，它们的味道都比买的要好。

据说，母亲刚嫁过来时，并不会做肉圆。后来，她和父亲一起学习研究，每年春节前练习一次，在失败了几回之后，终于成了做肉圆的好手。他俩联手做的肉圆，不管是外观，还是味道，都要胜于邻居和亲戚家的肉圆。我家炸肉圆时，几个表哥总会闻着香气过来串门，候在灶台边吃上十只，才心满意足地回家去。

有点好笑的是，我家的肉圆必须父母联手，离开了父亲的从旁指导，母亲做的肉圆要么咸淡不均，要么会在油锅里散了形；而母亲的细腻，则让肉圆更加入味，外形也更加圆巧。也因此，父母经常争执，到底谁的功劳更大一点。

做肉圆，选肉很重要。不能太瘦，也不能太肥，最好是红白相间的五花肉，如此，做出来的肉圆，吃起来才能外脆里嫩。那时候，还没有绞肉机，母亲把肉先切成块，块再切成片，片再切成条，条再切成丁，然后，再不停歇地反复剁来剁去，直至成为肉泥。这个剁肉的过程，要花上一两个小时才行。因此，老家做肉圆的过程，也被称为“斩驼子”。

把大块肉变成松软有弹性的肉泥，看似一个简单重复的过程，但也是有讲究的。这活儿只能交给细心有耐心的母亲来做。有一回，母亲临时有事要出去，就让老爸来顶替，结果，只经过一小会儿功夫，肉泥也成形了，看上去和老妈剁的差不多。可用手抓一把细看，好多细小的肉仍然黏在一起，藕断丝连呢。而肉泥没有彻底剁开，会明显影响肉圆的细腻口感。

家乡的肉圆，不同于上海见到的肉圆，里面并不是纯肉的，而是在肉里加入了糯米饭，饭和肉必须均匀地交融在一起。糯米饭得提前煮熟，等熟透了，即可盛出来放在事先准备好的盆里醒一醒。否则，饭在锅里待久了，就会因为锅里余热而变硬，到时候揉搓成团会很费劲，而且，肉和饭也不能均匀拌到一起了。

又是费了好大一番功夫，老妈终于将饭和肉均匀揉成了一大团，之后，她把肉饭团平铺在大瓷盆里。此时，就要往里面打入生鸡蛋了。鸡蛋的个数，与饭肉的量以及准备做的肉圆个数也得成一定比例。一般来说,做200肉圆,需打入20个生鸡蛋呢,鸡蛋少了,会影响肉圆的香嫩,还容易导致肉圆在油锅里散形。小时候,经常听到哪个邻居家今年做的肉圆失败了,往往就因为一两个小细节没有把握好。

打入生鸡蛋时,葱花和姜泥也需一并倒入。之后,老妈就用双手不停地在里面翻来覆去地揉搓。此刻,我和姐姐们已经能闻到葱姜的香味了。等到完全揉搓均匀后,就可将盆端到锅边了。糯米饭容易粘手,所以,事先还需准备一大碗淀粉水用来湿手,这样还可以加快搓肉圆的速度。

大半天的准备工作完成后,就到了最后的炸肉圆环节。在锅里倒入大半锅的菜油,将其煮至沸腾,再到油面平静无声,就可以搓肉圆下锅。搓好一个,轻轻放入油里,再搓下一个……因为不能事先搓好所有的肉圆,所以,这个过程十分漫长,十分累人,因此,中间父母还得换班呢。

小时候,站在灶台边,看着一个个肉饭团缓缓滑入油锅中,在油花里上下翻腾,颜色悄然变化,越变越深,心中激动而满足。随着锅里飘出浓郁的香味,第一锅金灿灿的肉圆出锅了,我们姐弟仨迫不及待地伸手去拿,被烫到后,只好心不甘情不愿地再等一小会儿。而父母则满含笑意地看着我们的狼狈相。

过年前要忙的事情很多,比如掸尘、扫地、擦窗、贴春联等。有些事只适合白天做,所以,父母经常把炸肉圆的活儿放到晚上。有时候,等到第一锅肉圆出锅,往往已是夜晚十点以后了。对于儿时的我们来说,晚上十点平常可是睡得正香的时候。

此时,就是考验吃货毅力的时候了。那些年,我和大姐总是能等到最后,睁着已犯困打架的眼皮,满足地把香脆鲜嫩的肉圆塞进嘴里,一只,两只,三只……二姐是最没耐心的,当我们终于吃到肉圆时,她总是早已进入了梦乡,我们好心叫她,却怎么也叫不醒!

如今,过了许多年,这件事还时常被我们拿来互相嘲笑。

小姑做的合肥圆子

冯李华

在所有和过年有关的记忆中，总能想起我家的圆子。每年春节，家里的年夜饭上总少不了一盘圆子。

我家的圆子，和其他地方的圆子不一样。之所以强调是我家的圆子，是因为在幅员辽阔的中国大地，不同地方的圆子，不同人家的圆子，在其形态、做法、用料、风味上都千差万别。

就像在我的家乡合肥，不同地方的圆子，做法也不一样。合肥地处安徽中部，现有一市四县，往北是长丰县，东西分别为肥东县、肥西县。2011 年，原巢湖市的庐江县也被划归合肥市管辖。

我自小出生在长丰县，小学起全家定居合肥。虽说人在合肥市，但是每到过年时节，吃的圆子还是原汁原味的长丰家乡味。

最近这几年，我们家过年的圆子都是住在老家的小姑亲手做的。当然，获此待遇的还有同样住在合肥的二姑家。每年过春节前，小姑就会在家里多做出上百个圆子，之后送给我家和二姑家分着吃。

所以，说到这里，我家的圆子，其实就是小姑家的圆子。我大学毕业后在上海工作，偶尔也吃到一些上海地区的圆子，通常是肉圆子，且可能是因为酱油放得多，颜色为酱黑色，吃起来肉味混着酱油味道，不由得想念家乡的圆子。当然,本人是一名伪吃货宅男,想想上海这么大的地方,一定有更美味的圆子,只是我还没机会吃到罢了。

但到目前为止,我还是认为,要说到圆子,还是我家的圆子最美味。

二姑告诉我,我们家的圆子和合肥市区以及肥西等地的圆子也不一样。“合肥和肥西做的是糯米圆子,我们长丰做的挂面圆子,当然,也混着一些糯米。”这样的挂面糯米圆子,个头并不大,多数做出来的圆子比一颗鸡蛋略小。相比酱黑色的肉圆,我家的圆子颜色上呈油黄色,好看诱人。

每年,这些做好的圆子都是在油中炸好后便放在冰箱中冷藏,等到要吃的时候再蒸熟。每当打开蒸锅盖子,光闻着圆子散发出的浓郁香气,就忍不住直咽口水。稍冷却后,咬一口圆子入口咀嚼,糯米混着挂面,糯而不腻,还有几分劲道,简直好吃极了。

这种人间美味,很多年都只有我们自己家人能享受到。这几年,随着二姑家的哥哥、姐姐们纷纷成家立业,也有更多亲友能尝到这样的美味圆子。二姑说,许多人来家里做客,都会忍不住要多吃几个圆子。工作以来,我春节后也会带一些给同事品尝,大家同样赞不绝口。

“这样美味的圆子,到底怎么做出来的?”我问二姑。二姑说,她是跟着奶奶学的,小姑也是跟着奶奶学的。

具体的做法,是先把搅拌好的肉馅放到容器盆子里,再放入剁好的生姜末、青蒜苗末、盐,再打鸡蛋搅拌均匀。接着,将提前煮好的糯米饭凉至 40 摄氏度左右,再放到配好的肉馅里再次拌匀。

接下来,重要的食材——挂面便隆重出场了。把煮好的挂面煮至七成熟,捞到凉水里冷却后放到砧板上,切成一段一段,但要注意不要切得太碎,每段两厘米左右长即可。再将面段放到糯米肉馅里,搅拌均匀就可以搓成圆子了。二姑说,现在调味料多了,还可以根据个人口味再放些其他调料。

这圆子还有哪些门道？二姑介绍说，在做圆子之前，要先打几个鸡蛋放些菜油，搅拌至鸡蛋和油彻底融合后，用来辅助搓圆子时沾手，“这样做好的圆子十分光滑，放到热油锅里不容易散开”。此外，糯米和挂面的配比也根据各人的口味而定，1∶2 或 2∶1 都可以。“面米 2∶1，圆子吃起来比较松软，口感也好。”

圆子好吃，做法上有讲究，用的食材也特别值得一提。糯米饭要煮软点才好吃，做圆子的挂面要越细越好。二姑说，秋冬的挂面好吃，春夏的挂面就不好吃了，因为天气热了气温高，和好的面醒得快。在长丰县，吴山镇就是有名的挂面之乡。

“说得简单，但是圆子做起来还是特别麻烦。”二姑说，圆子是我们过大年的一道必备菜肴，是一年一度阖家团圆的象征。通常，春节前一家人都要做好足量的圆子，可以从春节一直吃到元宵节。

所以，在这里，要十分感谢我的小姑，是她的辛劳，才让我们能够年年吃上这样的人间美味。

回到村里挖荠菜包汤圆

吴爱平

我出生在金山区吕巷镇马新村。小时候，一过年初十，小孩们就三五结伴提着篮子拿上镰刀，到路边田头挖野荠菜。因为，正月十五妈妈要包荠菜汤圆，那可是我们期盼已久的一大美味。

听老人说，以前家里穷，平常日子里吃不到大鱼大肉，只有等到过年的时候，家里会集中财力置办上大鱼大肉。但平时素食清淡的肠胃一下子受不了这集中的灌油，到正月十五就包上些荠菜汤圆给家人当主食吃。荠菜不仅营养丰富、味道鲜美，据说还可以刮掉肠胃里淤积的油水，让你的肠胃回归清淡。

吃了元宵汤圆，一家的团聚开始散去，爸爸要外出工作，妈妈开始春耕播种，孩子们也要开学上课。正月十五家家户户包荠菜汤圆是一种习俗，也成了我们心心念念的美味。

工作后，一直很忙，过完年没时间回乡下。妈妈知道我爱吃荠菜汤圆，就包好、蒸熟、打包拿到我城里的家给我吃。尽管味道还是妈妈的味道，却没有了和妈妈一起包汤圆的乐趣，也没有现烧现吃这种热乎乎、滑溜溜的感觉。

今年元宵节正逢周末，我就筹划着带孩子一起到乡下和奶奶一起包汤圆过元宵节,让孩子体会这种一家团圆的快乐,记住这朴素的金山民俗。

从挖荠菜到挑选荠菜,可以让孩子认识荠菜。调馅、和面,跟奶奶学包汤圆,看似简单的一个汤圆,要做好还要一点小手艺呢。看着奶奶熟练地把面团变成一个个光滑圆溜的汤圆,女儿赞叹不已。不一会儿,一盘汤圆成形了,可以蒸,也可以下汤煮。

我更爱吃煮的汤圆,看着一个个翻滚着浮上水面的汤圆,有一种迫不及待的感觉。咬上一口,荠菜的清香扑鼻而来,加上肉的鲜美、糯米面的香糯柔滑,这种美味是我一年才吃到一次的期待。再过些日子,荠菜开花就不好用来做馅了。

一家人团坐在一起,你两个,我三个,吃得欢快而幸福。女儿很有成就感地说:“妈妈,你吃的这个是我做的呢!”

跟“海蛎子”一起过年

付　婷

元宵一过，这个年就算过完了。虽然已经回到上海，并且开始工作了，但我的“魂”似乎还留在老家大连，沉浸在海边城市的年味之中，难以自拔，有点惆怅——

其实，工作以后，身在他乡，每年一次的团圆，心中对于家的点滴印记格外深刻。

二十六七个小时，一路奔波，下了火车的那一刻，代替寒冷袭来的，是扑面的年味儿：沿街高挂的大红灯笼，路边绿化璀璨的灯饰，还有人人洋溢的笑脸。

借着这次春节回家的机会，我又重温了一遍小时候经常去玩耍的那些地点，高山、大海，曾经的玩伴，喜欢吃的美食，年节前后的民俗风情，还有那些深埋在记忆里挥之不去的感动……

忘记了曾经在哪里看到过一种表述，大体意思是，对于我们这些远离家乡的游子，走着走着，我们就成为了故乡的过客，从此，故乡只是你印象中停留的样子，再也没有你参与的身影。

虽然有些伤感，但却能比乡里人更易发现和体味到家乡那抹浓浓的韵味。

我的家乡大连，被称为北方的明珠。家乡人说的话、办的事，都有一股“海蛎子”味儿，海蛎子，也就成为了大连人的代名词。我曾猜想，是不是因为家乡的海边，到处都是白花花的牡蛎(也叫生蚝，大连人称为海蛎子)，这些生命力极其旺盛的贝壳，有一点点养分，就会繁殖成“漫山遍野”，气势磅礴。

七岁以前，我长在海边的渔村，没有上过幼儿园，是大海和连绵的高山抚育了我。用母亲的话说，从我会走路开始，就恨不得一天 24 小时赖在山上、海里，有时候到了饭点，都找不到我的人。被散养惯了的我，对大海和高山有种特殊的感情，直到如今，过了八年之后回乡，我站在海边，依然会感受到，内心立刻静了下来。

靠山吃山，靠水吃水。老人们说，“三两粮”的年代，大海救了不少人的命。在内陆地区挖草根啃树皮的时候，生活在海边的渔民则将目光投向大海，很多以前渔民们不会吃的东西，像海藻、海白菜、牛毛菜等，烹饪后发现，竟可以变成餐桌上不可多得的美味。就连鲍鱼、海胆这种如今的高贵海鲜，曾经可都是被渔民厌弃的“边角料”。

对于海边的人来说，入冬以后，虽然海水泛冷了，有时候近海浅滩还会结冰，但渔民依然可以吃到许多的“鱼味儿”。

小时候，入了冬，家家户户都会晒各种鲜鱼干，黄花鱼、鲅鱼、海鳗鱼等等，应有尽有，有时还会晾晒鲜海兔和大虾海米。不是因为吃不到新鲜海产，而是这些被冬日冷风和暖阳熏烤过的海味，跟新鲜海味比又有一种别样的味道，因而成为冬日里渔家人嘴里闲不住的“零食”。

从晾晒海产的那一刻起，过年的韵味就开始积淀了。

海边人过年，是必吃鱼的。鱼肉饺子、鲜鱼炖豆腐、炸鱼等各种吃法。逢年过节，必行的一道工序，我们称之为“走油”。

“走油”一般在除夕前一天就要做完。家家户户都要把准备好的食材，如丸子、鱼、虾片等大人小孩都喜欢吃的东西，在油锅里炸出来。这时候，晾晒一冬的鱼干，又派上了用场。每到这天，奶奶都会准备一个干净的大盆，母亲会把炸好的鱼、虾、牡蛎、红薯丸子、鸡肉脯等美味都放到盆里晾着。我们这些小辈们，就会围在盆前，不时用手抓来吃。不知道为什么，虽然有筷子，但我们还是喜欢“下手”，其中最爱的，就是那些刚炸出来的海味儿，还有自家做出来的红薯和香椿丸子。

而伴随着“走油”，“封运”贴春联活动也开始了。整个年味，此时发酵到极致。

北方的冬天很冷，尤其是靠近海边的大风天气，让农村贴春联成为一项技术活。用胶带纸贴的春联，经过寒冰和大风的洗礼，在门前不会停留超过三个小时。这时候，就着灶上的热乎气儿，奶奶会熬糨糊，把面粉放到水里，在灶上煮上一会儿，直到浓稠的糨水可以用来“封运”了，父亲会带上我们这些小辈，房前屋后开始贴春联。刚贴的春联，摸上去还是热乎乎的。我最喜欢做的，是在横批上贴“挂钱”，五色的剪纸“挂钱”一挂，年，就真的来了。

从七岁搬到城里后，由于楼房的封闭性，贴春联再也不需要“糨糊”了，用胶带纸一粘，似乎福运就被封住了。但这样的仪式，总让我觉得少了些什么。

照例，除夕中午，一家人聚在一起吃团圆饭，那一桌满满当当的饭菜，少不了新年的发糕和新蒸的红枣馒头。收拾完碗筷，下午，就开始准备包饺子了。父辈，则负责去祭祖请神。

我们家的新年饺子，总是好几味馅料。但鱼肉饺子几乎年年都做，因为我和弟弟都喜欢。用来包饺子的鱼，是刚出网的鲜鱼，吃得较多的，就是黄花鱼馅，三斤以上的鲅鱼包的饺子，味道也极佳。但母亲说，海鳗鱼的饺子，味道要更好。

母亲自小在海边长大，十三岁就开始为全家掌勺，烧得一手好菜。

做海鲜饺子，从和面调馅，到饺子包好，用不了两个小时。特别神奇的是母亲对鲜鱼肉的处理方式，一手捏着鱼头，一手从鱼鳃开始一路而下，将两边的鱼鳍分别撕开，鱼刺就全部剔除了。每到这时，我都会想到“庖丁解牛”这个词儿，不禁赞叹母亲手艺的纯熟。

除夕夜里，家人一起守岁。伴着新年的钟声敲响，大人小孩儿都出去放烟花、放鞭炮，这时候，母亲会再煮一锅新年饺子，在大年初一来临的时刻，一人吃上一碗，然后就互相拜年，孩子们领到红包，老人们满脸欢笑，新的一年开始了。

老人们说，小孩小孩你别馋，过了腊八就是年。腊月二十三，还要吃糖瓜，麦芽糖做的白色或金色糖球，一直甜到心里去。这种酝酿充足的年味儿，从初一起早拜年开始，一直延续到正月十五，饭后一家人坐在一起“圆月”，享受着天伦之乐。

海边的渔民，正月十三还有一场热闹的活动，祭海神。然而长大后，我似乎再也没有参与过这项仪式。

记忆里，每到了那一天傍晚，所有出海的渔民都要在海边摆上香案供品，渔船要披红挂彩，燃放烟花爆竹庆贺。村镇还会组织舞龙舞狮、扭秧歌等庆祝活动，好不热闹。每家渔船，都要自己手工做一个渔船模型，船里安装电池灯笼。这一项活动，渔民要亲自动手，提前几天就开始准备。

到了晚上活动开始，家家出海的渔民把自己做的渔船模型放到海里，一艘艘小船，承载着渔民美好的希望，伴随着热闹的烟花爆竹声，被潮流推送着，驶向深沉静谧的海洋深处。这时，大家会热闹地讨论谁家做的模型好看，谁家的船灯规模宏大、驶得最远，这一年的收成定然不错。远远地，还可以看到船里闪亮亮的灯光，映衬着天空的明月，和岸边灿烂的烟火，能够感受到那种沉甸甸的幸福。

初一“不扫地”，初五“迎财神”，初七“管小孩”，十五“闹元宵”，十六“走百病”,十七“管大人”,二十七“管老人”……

都说年是孩子过的,在大人心里,年就只有不尽的忙碌和虚长的年岁。

其实,不知从什么时候起,年早就在我们的身体里了。不管我们多大,走得多远,她都在我们的记忆里,融化在我们的血液中,成为属于自己的,属于中国人的幸福。

三月三，荠菜花铺鹅蛋

顾菊英

今天是农历三月三，在我生活的上海金山朱行地区，一直有吃荠菜花铺鹅蛋的习俗。

一到农历二月，母亲就会翻出她的那只竹编篮子，时不时挎着出去半天，回来已是满满一篮的新鲜荠菜花；动不动就去老农临时蔬菜点，今天提回来 2 个大鹅蛋，明天又觅到 3 个小鹅蛋……她这是在为即将来临的农历三月三储备物资了。

每年的三月三吃荠菜花煮鹅蛋，是打从我有了记忆就开始享受这田间野趣的秘方。

以前，未搬离乡村时，每到这个季节，荠菜花放眼遍地都是。每天的闹钟，也是那几只大笨鹅来担当。离土后，十多年来，三月三要吃的鹅蛋，都需要靠母亲花一个月走街串巷去收集。因为祖上留下的那份习俗不能忘，这份习俗承载了母亲对这个大家庭所有的祈福。她愿我们在农历三月三这一天，喝上她亲手煮的一口荠菜花煮鹅蛋汤后，都能少受点头疼脑热的折磨，希望大家都能身体硬朗。

所以，每年此时，母亲都很虔诚地去置办这些物品，每一道程序都不马虎。今天的一篮荠菜花，是给大姐家采的，隔天的一篮，是给二姐家备的，该备足了吧，又出去了，说是哪个邻居或许也需要……采回来之后，剪根去黄叶，理得整整齐齐，在清水中一遍一遍冲洗。沥水后，就置放到竹畚箕中，端到阳台上晾晒。过程中，即使在伺候小外孙午睡，也会忍不住不时去阳台上翻看几下。

母亲说，翻得勤、晒得透，熬汤时容易出浓汁。晒干后，一团一团地囤起来，层层叠叠放进密封袋里，以防清香味淡去。在近一个月的储备期间，这股清香每天弥漫在我身边，这是母亲的气味。似乎在提醒我，三月三别忘了！

总算等到了三月二那天，母亲早早地就把密封袋里的干荠菜花再次拿出来，在太阳底下透透气，把已经囤足的鹅蛋洗得干干净净。烧晚饭时，她开始浸泡干荠菜花，到临睡前，把已泡软的干荠菜花转至一个老锅里，清水齐平煮。她说，用老锅煮草药类不会"舌头大"。直到满屋弥漫荠菜花的香味时，关火捞枝。把已煮过的荠菜花放在水槽里，上面窝几只明早准备烧的大鹅蛋。这样是让还在氤氲的热气渗一下蛋壳，希望能够熏到鹅蛋里面去。同时，把已煮好的汤汁冷却滤去杂质待用。

就这样，三月三的前奏算是完成了，母亲终于可以心满意足地睡觉去了。而我们也重复着每年的这份仪式感，期盼的心情不亚于小时候春节备好年货的那晚。

三月三的一早，母亲一起床，嘴里就喃喃着："快去煮鹅蛋，快去煮鹅蛋。吃了鹅蛋不头疼，吃了鹅蛋不头晕。"父亲被她催得手忙脚乱。其实，就是把前晚已滤干净的荠菜花汁煮沸后，把鹅蛋打碎做成水铺蛋，每个家庭成员必须吃完一个。

父亲总是挑最大的一个给母亲，母亲此时假嗔道："叫我哪能吃得下。"说的同时，已是半个入口。我喜甜，父亲就会在我的那碗中加点白砂糖。搅拌一下，我会端起直饮半碗，好似把我全年的头痛脑热全部消灭。孩子们总是不习惯这种吃法，但碍于规矩，捏着满是青春痘的鼻子屏息猛灌几口，捞出鹅蛋猛咬一口，算是完成年度任务。母亲那时就会笑骂道，今后头疼起来别说出来！

之前，我以为三月三吃荠菜花煮蛋的习俗就我们小时候有，经查，其实各地在历朝历代都有，只是方式不同，有的地方用的是鸡蛋，直接带壳煮蛋；有的直接把蛋同新鲜荠菜花煮；有的地方尽管也煮鹅蛋但并没有烧成水铺蛋……不过，百变不离其宗的，都需要小身材大作用的荠菜花。

三月三这个节日发展到现在，在人们的生活中已渐渐淡下去了，即使某些地方仍保留这一风俗，也逐渐使之成为了一个个集市贸易活动的节日。但在我们的心里，更多是一种充满仪式感的祈福。

三月三，我吃到了家乡的蒿子粑

张　敏

春天的味道，是儿时的味道，是心里的味道。

今天是农历三月三，古称上巳节，在家乡有吃粑的风俗。

我老家在安徽桐城。前几天，姑姑做的蒿子粑被家人带来上海，说是特地做给我吃的。今晚，婶婶又在朋友圈晒做蒿子粑。

这是我们家族的一道春天的菜，也是亲朋家人召唤相聚的菜。直看得我垂涎欲滴、思乡心切，隔着屏幕迫不及待地索求美食。

清明时节的蒿子，也是野菜，最嫩、最香。只掐嫩头，和茶叶一样。家乡的蒿子粑，也是上过《舌尖上的中国》的地方美食。

不过，名传多远不重要，最重要的，是亲人还会在这个季节为你耗费心思，不仅用心做好这道美食，还不远600里送过来！

不由得，我想家了，想念至亲长辈们的亲情与宠爱，是他们，呵护我吃好、长大，教会我做人。

还记得，农历三月三，田间采蒿子。提个竹篮，挨着田埂一步一找，一个头一个苗地掐。这是体力活，更是细致活。

一两个小时过去了，篮子里还只是薄薄一层青色。小小的我心里着急，耐不住性子，就偷偷从外婆的篮子里抓一把放进自己的篮子，这才安心地低头继续寻找。

还记得,初中出黑板报,轮到我值班时,正是这个季节。我特意挑了“三月三,蒿子粑”的习俗来写。从哪里翻出的书和出处,已经不记得了。只记得站在板凳上,用了周六一个上午的时间,和两三位同学绘好班级的黑板报。

还记得,春天的蒿子特别嫩,春天的腊肉比过年时还香。摘洗、剁碎,切上自家的腊肉,选上肥瘦相间的一块,揉进自家的糯米粉,用自家产的菜籽油两面煎熟。

这一块蒿子粑,透着春天的田野间的野菜香,透着仓房坛子里的腊肉香,透着田里米稻香,透着妈妈的手艺香,一个接一个,直到吃饱了,吃撑了。这是春天里最好的零食和打牙祭。

还记得,家里长辈人人都有一手拿手菜。外婆的炸豆皮薄薄一张咯吱的脆,奶奶的腌萝卜软软的带点酸味,小奶奶的豆腐乳白嫩咸鲜,大姑的烧野猪肉夹一筷头又一筷头,二姑的自发馒头不用酵母带着厚厚的麦味,妈妈的炖猪蹄熬了一天酥烂即化……

还记得,每逢生日,妈妈自己揉面发一锅馒头(南方人很少吃面食),煮一个鸡蛋嘱咐要躲在门后吃。一人一碗鸡蛋面条,这已成为永久不变的生日早餐。

到现在,可以没有生日蛋糕,但不能没有那碗面,不然生日就像没过一样。

还记得,总是告诉妈妈想吃菜饭了,想吃蒸咸鱼了,想吃虾米拌辣酱了,想吃馒头了。妈妈总是如愿捣鼓出来,一家人围坐一起,吃着碗里的,说着儿时的趣事。

少小离家老大归。老家回的越来越少了。遗憾带着惆怅,梦里千转回。味道,只能在嘴里,在记忆里,在亲情里了。

这几天,又是至亲们相聚的日子。期待隔空香来的蒿子粑能到嘴里,一解馋念。

二舅的地瓜

公维同

工作后，没了寒假，过年回老家，总觉得时间紧巴巴的。走亲访友，基本上也只能到大姑、大姨和舅等长辈家坐一坐。

大年初三，虽然沂蒙山间小路的雪还没化完，但我们还是开上车往山里的二舅家出发了。小时候，跟着妈妈去外婆家，出发前，十几里的山路总觉得好远，但想着外公的旱烟袋和给我留的花生米、烤栗子和大妗子的木炭火烤馒头，也常常会忘了路的远近……

现在山上也修了水泥路，车子可以开到二舅家门口。只十来分钟，就到了。

"二妗子，还没吃饭呢？"一进门，拜了年，看到二妗子正在做菜，我问道。

"不是要吃中午饭么？"尽管在电话里已经说了，我们坐坐就回，但很明显，二妗子是非要留我们吃饭不可的了。

二舅年近七十，可身板依然挺拔硬朗。其实，见个面，家长里短地聊着，聊什么似乎也并不重要，只要看到彼此的状态还不错，也就放心了。

"快去给外甥拿地瓜啊。"二妗子一边做菜，一边还没忘了催促二舅去做一件“最重要的事”。

其实,以前二舅也常会给我留一些地瓜。婚后,临回上海时,妈妈让我们带点地瓜,当时妻子小欧还小声嘀咕:“这东西有啥好带的,哪里没有啊……”

但回到上海后,妻子把地瓜蒸了,吃了第一口就脱口而出:“怎么这么好吃啊,从湖南老家到上海,吃了那么多,还从来没吃过这么好吃的地瓜呢。”而同事漫不经心拿回我送的几个地瓜后,第二天竟急吼吼过来询问:“你老家的地瓜怎么种出来的?还有吗?我老婆说太好吃了!”

妻子不经意的一句赞扬,在电话里传到了沂蒙山妈妈的耳朵里,又不知怎么传到了二舅耳朵里。于是,去年秋天,地瓜收获的时候,二舅特意往山脚下的地窖里多放了几袋地瓜,就等着我们回来过年。

拎上绳子,扛上铁锹,拿上小木梯,推上独轮车,二舅挺着笔直的腰板,带我们去开地窖了。

来到山脚下,只见二舅拿着铁锹将表面的积雪铲掉之后,露出了湿润的新鲜泥土,再翻开泥土,是两块石板,揭开石板,就露出了井口般大小的一个洞,凑近了看,深约两三米,里面就是二舅去年秋天留下的地瓜了。

窖内冬暖夏凉,四季恒温,因此,地瓜放在里面,新鲜如初。二舅还神秘地告诉我们一个“秘密”,只有霜降之前刨的地瓜,可以保存得好,霜降之后,刨起来的地瓜,放在地窖里就会烂掉。

二舅把小木梯竖进去,三两下就下到地窖里,一会儿工夫,一袋红皮地瓜和一袋黄皮地瓜,就被二舅用绳子绑好,我和父亲则合力将其从地窖里提了上来。

刚下过雪,窖口是湿的,二舅从地窖里爬上来,满身都是泥巴。但他却显得特别轻松。他说,如果不是地里湿滑,他连梯子都不用,两手一撑就能下到地窖里。

二舅是不服老呢。山里的年轻人,大多下山了,撂荒的地特别多,二舅看着可惜,就种了很多。三个表哥都混得不错,每次都劝他少种点儿,可一到春天,二舅还是忍不住要多种一些。

满桌子菜,可大家总拣那些清淡的吃。偶尔谈及过去和现在生活的变化,从二舅现在灿烂的笑容里仿佛更能看到过去的苦。二舅爱喝点酒,高兴了一顿能喝一斤白酒。而三个表哥一个比一个孝顺,也常常给二舅打来老家最好的酒,二舅的酒缸总是装得满满的。

“二舅,你家的水咋是甜的哩?”妻子总是对一切都很好奇。

“咱这水才是真正‘自来’的呢。”二舅得意地说,家里的自来水是他从远处山上引来的山泉水,四季长流,从来不用电抽。

“哦,怪不得地瓜那么好吃,二舅身体那么好!”妻子说,等到秋天,想再回沂蒙山老家去,亲眼看二舅怎么收地瓜,再亲眼看二舅怎么把地瓜“藏”到地窖里去……

是呢,咱们约定,到那个金秋,去看看沂蒙山,去听听那沂蒙山小调:

人人那个都说哎
沂蒙山好
沂蒙那个山上哎
好风光
青山那个绿水哎
多好看
风吹那个草低哎
见牛羊
高粱那个红来哎

稻花香

万担那个谷子哎

堆满仓

万担那个谷子哎

堆满仓

行囊里的煎饼

杜培丽

每次春节后返城，我的行囊里总被妈妈塞上厚厚的一摞煎饼。

"煎饼耐放，你再多带五斤，这个外地吃不到正宗的，你从小就爱吃……"妈妈边装边唠叨着。煎饼是妈妈在春节前亲手烙制的，这也是我在外地工作后，最常想念的家乡味道。

煎饼大若茶盘，薄如蝉翼，烙得好的煎饼很薄，以至于我带着临沂煎饼到南方吃时，许多南方人都以为在吃"纸"。煎饼，是沂蒙地区民间传统家常主食，也是久负盛名的山东地方土特产，早在春秋战国时期，山东沂蒙人民即开始食用煎饼。《沂蒙》《红日》等影视剧中，"沂蒙红嫂"为前线战士烙煎饼充军粮的场景，让不少人认识了煎饼。

我在陕西、上海等地，每逢有人问起我家乡，回答之后，对方常会兴奋地说："哦！沂蒙那里出煎饼！"在《舌尖上的中国》中，原生态的"煎饼"也曾素朴出镜。镜头里，那古朴的小村庄，憨厚的沂蒙老乡，香喷喷的煎饼卷香葱和极具食欲的红烧肉，分明就是我童年记忆中故乡的模样。

妈妈烙得一手好煎饼。细细数来，我吃过妈妈烙的麦子煎饼、玉米煎饼、地瓜煎饼和杂粮煎饼，各有各的清香脆甜，不变的是咬劲十足。因为是纯手工制作不添加任何东西,所以制作出来的煎饼有种天然谷香,入口回甘。

小时候在老家过年的记忆很少了,可是当年妈妈烙煎饼我在旁边帮着添柴烧火的情景始终没有忘记。记忆中,妈妈清晨就把麦子、玉米等原料加工成“糊子”备用,然后在锅屋支起生铁铸成的圆形鏊子,鏊子的热度至关重要,太热容易焦煳,过凉煎饼潮湿粘牙,所以妈妈总提醒添柴禾的我注意火候。

只见妈妈从盆里挖出一捧“糊子”,放到烧热的鏊子上,双手扶住,逆时针从边向里滚,毫厘不差地滚一个圆,白色的热气一下子腾起来,紧接着,拿着煎饼齿子(烙煎饼的工具),刮,摊,滚,搾。在充满谷物香甜的雾气中,一张张煎饼新鲜出炉,正如蒲松龄《煎饼赋》里所描述的“圆如银月,大如铜缸,薄如剡溪之纸,色如黄鹤之翎”。

值得一提的是,每次烙完煎饼,妈妈都会做一个塌煎饼。就是往尚在鏊子上的煎饼里磕俩鸡蛋,并将先前调制好的菜馅均匀地摊在煎饼上,再将另一张烙好的煎饼盖在上面,双手压实旋转,待五成熟时,翻个身继续烙,直至煎饼两面都泛出油黄花纹时,用小铲将其叠好,再切成矩状即可。刚摊好的塌煎饼,烤得焦黄脆香的外皮下若隐若现透着五颜六色的菜馅,捧在手里,咬上一口,外酥内软,馅鲜饼香。

煎饼最百搭,可以包裹和容纳各种食材,从山珍海味到家常小炒,丰俭由人,多寡随意。初春时候,妈妈从院子里掐下新鲜的香椿芽,剁碎炒土鸡蛋,卷在煎饼里,美味便成了。煎饼卷大葱,是最简单的吃法,但滋味最悠长,吃时卷以葱段豆酱,一口下去,小葱冲破煎饼的包裹,厚重的豆酱与辛辣的葱汁以及喷香的煎饼交织,过瘾极了!

关于煎饼卷大葱,妈妈给我讲了一个美丽的传说。相传很久以前,在蒙山有个秀才田壮,因为得罪恶霸被关进大牢,恶霸扬言 49 天不准送饭,只准送笔墨纸张。后来,田秀才的妻子巧珍在睡梦中得到蒙山娘娘的指引,烙制煎饼,放上大葱提着豆酱给田壮送去,看大牢的以为煎饼是纸、大葱是笔、豆酱是墨,就没多盘问。就这样,过了 49 天,田秀才不但没被饿死,反而神采奕奕。善良的巧珍,为报答蒙山娘娘的恩德,热心地给四邻八舍传授煎饼技艺,后来一传十,十传百,烙煎饼在八百里沂蒙传开了。

刚出锅的煎饼疏松多孔,又脆又香,彻底放凉,就慢慢回软变韧。逢年过节我回老家,妈妈总是拎出几张新烙的煎饼,让我卷着满桌子菜,吃个风卷残云,妈妈只是看,脸上荡漾着微笑。

菜花塘鲤鱼

稼　穑

春天，最美风景在乡间，最诱人的美食也在乡间。

曾记得这个时节，乡间路边、渠坡河岸，到处是嫩生生的马兰、荠菜、野芹，可凉拌，可清炒，可做羹烧汤，都是时鲜美味。

此时，河滩上蟛蜞已出洞，水沟里春螺正肥嫩，竹园里的新笋也破土了，炒蟛蜞、炒螺蛳、腌笃鲜是这个季节最经典的佳肴。还有青团春饼，也是此时最香最糯的点心。

一场春雨过后，麦田菜田里满沟的雨水潺潺流入小河，小河里的水也满了，鱼儿泥鳅会逆流涌入田间沟渠，寻觅它们的美食。那时，我们这些毛头小伙子争着起早，纷纷跑到田头，跳到沟里，摸鳅捉鱼。从麦田到菜田，条条沟里寻找鱼鳅的踪迹，满头黄花，浑身泥水，也浑身是劲，充满乐趣。

水沟里有泥鳅，有鲫鱼，有“农家的鲍鱼”螺蛳，但我们最想抓到的是塘鲤鱼。

塘鲤鱼在春分至谷雨这个时节长得最肥嫩，此时正值油菜花盛开的时候，所以农家叫菜花塘鲤鱼。其形似松江鲈鱼，虽肉不及鲈鱼细嫩，但身比鲈鱼丰肥，口感也并不逊色。鱼贵鲜也重肥，塘鲤鱼既鲜且肥，故得大家喜爱，村里人家有红烧、有炖蛋，而我最喜欢吃雪菜塘鲤鱼汤，做起来方便，吃起来入味。那时听说，有钱人家烧塘鲤鱼汤还会放上几片火腿吊鲜，味道更加香浓。而我则用自家腌制的雪菜，再从竹园里挖几只嫩笋切成笋丝，那样煮出的汤汁更为鲜美，鱼肉也不失肥嫩。

农家子弟从小捉鱼摸虾，烧饭炒菜样样都会，虽不知烧菜还有菜谱，但有日积月累的经验，更有当季当日的新鲜食材，有时七拼八凑的蔬菜炒在一起也能烧出好滋味。后来进了城，也略懂些烹饪，但总是烧不出当年雪菜塘鲤鱼汤那个味道。也曾学从前的富人切入几片火腿，但总觉得肉味重，鱼味少，有喧宾夺主之嫌。我也曾尝试过塘鲤鱼与羊肉炖，汤是肥鲜了点，但还是体会不到当年清爽香鲜又浓郁的鱼汤味。

古人说"肉不如蔬，能居肉之上者，只在一字之鲜"，现在想想实在精辟。食材新鲜是美食之根本。当年从油菜花田里活捉的鱼，挖了带着露水的笋，新启开罐的雪里蕻，乡土的菜籽油，还有一点点猪油，铁锅，木盖，稻草，这样烧出来的鱼，汤乳色，肉雪白，菜金黄，色香俱全，不鲜也难。当然，还得讲究汤头火候，汤多味淡，火过肉老。

"鲜"，是农家菜的根本，也是优势。据说露水干了挖出来的春笋鲜味就打折扣了，雪菜打开罐时间长了就出气了，现在的说法是氧化了，就不再那么鲜香了。现在虽然在城里也可以吃到活的鱼，但池中之水不可与江河活水同日而语。难怪美食家们到了时节就要往乡下跑。当季当地当天的时令蔬果、自然鱼虾、自养鸡鸭，自然的风光，此景只在农家有，鲜美在乡间。

麦熟梅至问酱香

稼　穡

麦子刚收好，梅雨就来了。

雨季，望着田里水稻长，农家也闲了。闲了找吃的，做吃的，自己动手，丰衣足食。时令落苏(茄子)、瓜果、黄鳝、泥鳅，还有用刚收起的小麦面粉做的面筋嵌上鲜肉与老黄瓜一起烧，都是乡间时令美食。

此时江南雨水充沛，气温适宜，瓜果蔬菜长得好，各种河鲜也活跃于沟渠田间，这是一个出好食材的季节。好菜知时节，把好菜变成好吃的却也是要费工夫的。梅雨来了，农家有工夫了，家家户户做着自家拿手好菜，但最浓厚最鲜美也最普通的还是那现在想起来就津津有味的农家酱。

酱，食物之将也，更是农家菜的主将。也许是因为家家户户做酱，也许是因为当年夏秋天天吃酱菜，还是因为许多年来已尝不到那个味道了，已没有了那个也许，所以每年梅暑季节总是惦记着那儿时酱缸里如膏似蜜的酱。

黄梅是人们讨厌的季节，湿，闷，热，乌苏(不干净，难受)，齁死(闷热，难受)。但我们江南人的主食水稻就是在这湿闷热中生长发育，若无梅子雨，焉得稻花香。黄鳝、泥鳅也是因为闷热，夜不入洞、闲游田间才成了人们餐桌上的佳肴。好酱也正是在这个季节发酵成酿的。

记得那时收获好小麦，插好秧苗，腿上泥水未净，连绵不断的梅雨就来了。田野迷迷茫茫，屋顶上终日压着灰蒙蒙的天，地湿、墙潮、人汗，闷热缠绵不去，静与动都得流汗，且又出得不爽，黏在皮肤上潮叽叽、湿哒哒，使人郁闷难受，真是齁死。但农家还是要在这个齁死的时节在蒸笼似的灶前忙碌做酱。

做酱首先要把煮熟的蚕豆瓣和面粉捏成一团，充分揉和再做成一个个面饼，如烧饼大小，农家称其为酱黄。接下来便是氽酱黄，有人烧火，有人氽酱黄，满满一锅沸水里放着竹叶作垫，一个个酱黄放在竹叶上氽，熟了再捞起晾干，灶上灶下人人汗流浃背忙得不亦乐乎。隔几个时辰把晾干的酱黄用一层层麦柴相隔堆放在客堂的角落里待梅发酵。连续高温、高湿、闷热是酱黄发酵的好时机。待到出梅入暑，七月烈日似流火，便是晒酱的好机会。家家户户门前都有几个大酱缸，把发酵好的酱黄(一般发酵好的有黄籽、青衣，若发黑说明发酵得不好要扔掉)捏碎成小块放入酱缸，再加水，加盐，加时间，加阳光(农家的添加剂)，环环紧扣，密不可分，晒酱既是再一次发酵也是转化升华。经济条件好的人家，还会放入白糖红糖，那晒出的酱又鲜又甜又亮，的确如膏似蜜，无论菜瓜、落苏、生姜等，酱什么，什么好吃。无论烧蔬菜、荤菜，放入此酱，风味独特，其鲜无比，所以有酱者为“将”之说，食物中有“酱”就像军中有将领一样，可以起到率领的作用。

酱是古老的食品，如今作为调料，是人的灵感、时间、微生物，还有一方水土物产结合融化酝酿而成的神奇之物，这个滋味来自农家精心与自然大成。从磨麦择豆、做饼成黄、梅雨发酵、日晒夜露，吸天地之精华，融五味于一体，酿成酱的滋味。酱特别怕雨，若淋到雨水，酱会变酸发苦。记得当时为了晒出一缸好酱，人们身在田里心系酱缸，一旦风云突变，纷纷上岸奔跑，赶在雷雨之前用锅盖紧紧盖上还用砖头压着防风吹雨打。做酱虽是费心劳神,但家家户户都得做。因为酱瓜、酱落苏是农家夏季的主要菜肴,没有酱吃什么呢!

好的酱也可放至秋冬,既可作为佐料,也可直接拌饭拌面。记得那时夏天最好吃也是难得能吃上一回的就是酱肉了。五花肉切成肉丁,豆腐干切成小块,放点青椒(微辣),也可加点毛豆,烧沸之后小火慢煮,尽管那时酱多肉少,烧出来的酱肉似羹如汤,但那鲜甜肥辣的酱汁含在口里美滋滋的,拌在早稻新米饭里真是好吃,这个味觉至今想起来还是满口生津。据说松江府有一道酱落苏的贡品,因慈禧太后好这一口而得名。在民间,酱得好的落苏晒干后剥开来内流黄油,味道纯真鲜美,难怪王公贵族、文人墨客大加赞许。在农家看来,比起酱肉,总觉得后者要好吃十分。那时缺油少荤,酱瓜、酱落苏是夏季、秋季农家的家常便饭,酱肉自然是农家席上珍品了。

农家虽是家家户户年年做酱,但做好酱也不易,更不是每家每户都能做出来的,一个村也没有几家能做出好酱的。面粉与豆瓣的比例,饼的厚薄,温、湿与发酵时间的长短,以及盐、水、饼的比例,糖的投放,日晒夜露时翻淘与日常精心等每个环节与时机都影响酱的品质与味道。除了经验,更要用心,当然还要有闲钱、有糖票买得起红糖白糖。所以,酱是时节,是工夫,是经济基础、更是农家生活方式的传承。每年这个时节的气温不同,雨季长短不一,每家做的配料各异,做酱方法各自传承(经验与悟性),真是年年做酱味不同,家家户户做酱更是家家户户的味道,这也许也是酱的魅力与神奇了。

梅雨又来了,又到了做酱的时节。地湿、墙潮,田野依然迷迷茫茫,人还是觉得那样齁死,只是不见了当年农家那股热气腾腾氽酱黄的场景,再也闻不到夏夜屋前的那股酱味了。如今商品酱种类之多,但那份心思、那般滋味,敢问谁家能有,这岂是舌尖上的乡愁……

麦熟梅至时,最忆是酱香。

兰花落苏，城里难觅的夏日味道

稼　穑

时下流行食素，盛夏更宜吃得清淡。但要清而有鲜、淡而有味，那一定要当地当季的好食材了。

上海松江乡间的兰花落苏，就是这样一道鲜香脆嫩、爽口下饭的时令美味。这在当年可是松江府的贡品呢！据说，慈禧太后就十分喜欢这一口酱落苏。

江南不少地方称茄子为“落苏”。据传，战国时期吴王阖闾有一天看到妃子的孩子帽上的两个流苏，很像要落下来的茄子，于是“落苏”脱口而出。后来，茄子被叫作“落苏”，农历十月三十也被定为了“落苏节”。

兰花落苏，作为松江府的特产，因有兰花清香而得名，种植历史已有六百多年。元朝有记载在松江北门外菜花泾一带种植为正宗，民间还流传着父女俩种落苏的感人故事。《华亭续志》也有记载，“菏泽浜落苏，有柴白两种为贵，味甘肉嫩胜于客种，取其小而摘之，经活水而入甜酱内，遂为菜品胜味”。

当地人也把兰花落苏叫“兰花小茄”，因其形如传统的本地茄子，但个小如指，有的饱满如拇指，有的细长如无名指，前者肉厚质肥，后者皮薄细嫩，前者酱之，后者鲜食更佳。

当地民间把鲜食落苏叫“捏落苏”，清晨在露水中采摘，用竹牙签在落苏身上刺上小孔，放盐及少量明矾，用手反复捏之(搓揉)，再冷藏个把时辰，即可食之。鲜食加工简单，原味十足，清香爽口，软而不酥，十分过饭(下饭)，是夏令桌上佳品。

酱落苏其味更丰富，但制作很吃工夫，一般要先制作好酱：用面粉加蚕豆瓣制成饼，放在麦秸秆内发酵，利用黄梅高温高湿发酵，出梅后放水拌料，再在太阳下暴晒。将腌制好的小落苏放入酱缸内，在太阳底下直晒，太阳越烈，则落苏越入味。当然，前提是要有好酱。入酱的落苏经三到五天日晒，可从酱里取出直接食之，也可晒干久藏。酱得好的落苏，油光发亮，内冒咸蛋黄般黄油，肥甘鲜香，回味无穷，可做菜肴，也可当零食，平民百姓常吃，文人雅士爱吃，慈禧太后也喜好这一口。

兰花落苏一般在四月移植，五月可摘，食至立秋。不施化肥，不用农药，也可长得枝繁叶茂、果实累累。

捏落苏，是夏季当地家家户户简单的美味。但酱落苏，讲究佐料、天气、经验，能酱好不易，尤其是现在好酱、好落苏、好经验难得，对此笔者深有体会。好食材是成就美味的关键。要做好的酱落苏，好的落苏品种是极为重要的。

什么是好品种？就是在这块土地上千百年来流传的、经过长期进化的品种，具有抗病性强、抗逆性好、适应强、品质优的特点，与人共有这方水土。所谓人灵地杰，一方水土养一方人，一旦远离就会水土不服，就是这个道理。但这些年外来物种纷沓而来，乡土品种流离失所，不少长者因再也品尝不到这种“乡间米道”而颇有怨言，这也触发了他们深藏心中的乡愁。

人生天地之中，与天时地理相应，故不同的季节，饮食相应食材。

每种食材都有属于它生长的地方、时节，要尝到乡野新鲜，就要遵循自然节奏。当地、当季、应时而食，既是简单健康的饮食，又是一种自然有效的养生方式。

前些年，松江农技中心经过七八年的寻觅和搜集，帮助50多个乡土品种在浦南"安家落户"。兰花落苏等一批名特优乡土品种，经过精心培养、提纯复壮，很快将重新回到当地人们的餐桌上。

民以食为天，食以乡土宜。应时而食，"乡间米道"。

第二篇章

传|承|之|味

那些年的“味觉记忆”

顾艳丽

有一种叫“最初的记忆”的东西，会让你在那个熟悉的街道里，看到一口老铁锅，闻到一丝诱人的香味，就会想起记忆深处老家的味道。

我的童年是在上海金山区漕泾镇一个叫“明华”的村子里度过的，我的爷爷奶奶是土生土长的金山农村人，勤劳淳朴，热情善良。

我的小时候(20 世纪 90 年代)，可没有现在的孩子那么“幸福”，满大街的超市、商店，想吃什么就能买什么，那时，特别是在农村，一个村子能有一个小杂货店就算不错了。而我童年最爱的零食，不是商店里买来的大白兔、华华丹、咪咪虾条之类的“网红”，而是奶奶亲手做的油墩。

说起油墩，可能很多人想到的是苏浙沪地区的街头小吃——萝卜丝饼。可我说的这油墩跟萝卜丝饼并不是一回事，这是我们金山地区的传统叫法，有点类似于广式名点咸水饺的一种油炸点心。

上小学、初中的时候，妈妈对我课业要求高，比较严厉，而奶奶因为没上过学，不识字，在我的功课上爱莫能助。但她知道我爱吃糯米、爱吃面食，就想办法做各种点心讨我开心。汤圆、塌饼、粢饭团、油酥饺、青团、馄饨、粽子、八宝饭……从小到大，奶奶为我做过的各式小吃两只手都数不过来，可我还是最爱油墩，要说我爱到什么程度，一口气吃上七八个不在话下（油炸糯米食品，不宜多吃，请勿模仿）！

小时候，奶奶每次做油墩，我都会在旁边“瞎掺和”，可奶奶从没嫌我烦。一般她会先做肉馅，把买来的新鲜猪肉洗净沥干水分，先切成肉片，再切成肉丝，最后把肉丝切成小肉丁，用刀不停地剁。

有一次，我跟奶奶说让我试试，奶奶有点严肃地说：“勿好弄撒额，手要切特额（不太好弄的，要切到手的）。”但看我有点期待，她便把刀递给我，用自己的大手握着我的小手，上下上下“嗒嗒嗒嗒”地剁了起来。

没几下，我就觉得手酸了，就问奶奶：“为什么不买现成的肉糜？”奶奶说：“同样的肉，绞肉机绞出来的就不好吃，还是自己用刀剁的口感好。”

剁完馅，加盐调味，只见奶奶将少许盐撒在肉馅上，用筷子不停顺时针搅拌。她告诉我，一定要朝一个方向拌，这样拌出来的肉馅才会又紧又弹。数分钟后，她用筷子挑起一点肉糜，用舌尖轻轻一碰，说了声：“嗯，车勿都哩（咸淡差不多了）。”馅料部分就算完成。

接着做皮子。奶奶在一个面盆里倒入用自家种的糯米磨成的糯米粉，用烧开的水，一点一点加入，见到面团有点干，她就加少许水，如果面团很黏手，就加点粉，直到将糯米粉揉成一个干湿合适的光滑面团为止。接着，取大小合适的一小块面团搓圆，用手捏成小窝后包入馅料，不要装太满，然后收口，一个水滴状的油墩就做好了。

我也取了一块小面团跟着做，可每次奶奶捏的小窝口直径仅三根手指宽，而我的小窝口简直跟一个小碗口那么大，以至于后面放了馅料都快捏不起来了，而奶奶就在旁边笑而不语，任凭我自己捣腾。

玩着玩着，奶奶已做好了一盘子油墩。最后，就是放油锅里炸熟。奶奶告诉我，下锅之前，要把油墩均匀滚一层淀粉，这是油炸油墩不爆的小诀窍。

而且，油墩在锅中时，一定要用小火慢慢煎，不停地翻滚炸至均匀的浅金黄色时，用漏勺捞出，沥干油，就好装盘了。炸油墩，油温不要过高，以免外焦内生。下锅炸的过程中，如有连在一起的，就要马上用筷子或者铲子分开。

炸熟的油墩，酥酥的脆皮上，金灿灿地泛着光，咬上一口，皮又脆又糯有嚼劲，里面塞满咸香的肉馅，带点汁水，皮与馅料刚好把美味糅合发挥出来。大冬天里，热乎乎地吃上一个，暖乎劲流淌全身，让人忍不住还想再来一个。

记忆中，奶奶总是笑眯眯地看着我吃得很香的模样，自己却不怎么吃，总说自己胃不好，不能多吃糯米的东西。

后来，我高中考到了松江区，爸妈为了我上学交通方便，在附近小镇上买了个商品房，就这样，我搬出了农村老房子，离开了和爷爷奶奶朝夕相处的家。虽然没有住在一起了，但奶奶还是时刻惦记着我这个宝贝孙女，每次回去，都会做我心心念念的油墩。要是我有段时间没回去，她还会用小竹篮装好，盖上土布，再用塑料袋扎紧，托隔壁家叔叔捎给我。

如今，我已经工作了，也有了自己的小家庭。逢年过节，我会带上老公和孩子一起回到农村老家，看望老人。奶奶已经到了古稀之年，她几十年未变的齐肩短发已经很难找到几根黑发了，左眼重症肌无力让她的视力越来越差，风湿性关节炎也让她走路越来越不便……可每次看到我们来了，她又好像被上紧了发条一样，开始忙前忙后，张罗我们吃这喝那，不一会儿就可以整出一桌可口的饭菜。

每次，她还是会问我："丽丽，油墩恰哇(吃哇)？"而我每次都会说："勿恰，恰勿牢哩，则奴忙一捏哩，修歇特细(不吃，吃不下了，你忙了一天了，歇一歇吧)。"

老爸的响油鳝丝

俞惠锋

出嫁已有 15 个年头,早就习惯了婆家的口味。但是,每每回娘家,最想吃的还是老爸的响油鳝丝。

比起“老底子”金山张堰镇云山楼出了名的响油鳝丝,老爸拿手的是一道最朴素的响油鳝丝,没有豪华的佐料,没有精致的点缀,仅用油、酱油和糖三味调料,勾勒出的原汁原味的鳝丝味道,绝不在云山楼大厨之下。

老爸年轻时里外都是一把好手:在单位,他可以把一个百号人的团队带得风生水起;八小时之外,一进家门,他可以一头扎进厨房,三下五除二,一会儿工夫整出一桌菜,在我们眼里,俨然可媲美三星米其林大厨。

这些年,老爸为了提升老妈的厨艺,把更多的下厨机会让给了老妈。可是,只要我们回家吃饭,他老人家就会重出江湖,亲自掌勺,一来显示他始终宝刀未老,二来也是为了让我们吃到正宗的俞家风味。

清明小长假,全家回到金山张堰镇上的爸妈家里吃饭。这种重要节点,老爸的拿手菜自是必不可少。我存着小心思,顶着给老爸做助理的名义,在一边“偷师”。

划好的鳝丝未经清肠,所以第一道工序是清理鳝丝。7两的鳝丝把肚肠清掉,估计剩下半斤不到。用剪刀剪成寸把长的一段段备用,接下来就是准备起油锅。

热锅,很多油(油的量约莫在倒入鳝丝后刚浸没为宜),大火加温。好学的我问老爸,要到怎样的火候才算"恰到好处"。老头子模棱两可、故弄玄虚地回答:"要不粘,不糊。"

我想想,这个回答好像是回答了,又好像没回答,没有量化标准,根本没有可操作性。我自己估摸着,大概到有烟冒出来的时候,应该差不多可以下锅了吧。

倒入鳝丝后,马上翻炒,一刻不停地翻炒,防止粘锅。大约7分熟的时候,倒入老抽酱油少许,糖少许(老爸说以入口吃不出糖味为宜)。再翻炒,出锅,撒上蒜末。

最后是淋上热油。响油鳝丝的得名,也是源于最后一个步骤。在洗净的锅内重新熬上热油。

这次,老爸清楚地告诉了我油温的标准:刚倒入的油是有泡沫的,等泡沫没有了,就好了。果然,30秒左右,原本聚在一起的泡沫烟消云散了。

蒜末是凉的,油是热的。嗞啦嗞啦,响声一片,一股热气腾起……一盆热滋热烫的响油鳝丝新鲜出炉了。

乡下有句俗语叫"隔灶头饭香",意思是不自信的人老是觉得别人家的东西比自己家的好。小时候我也曾随大流这么想,但现在已经不以为然了。相比别人家的响油鳝丝,老爸的拿手菜没有胡椒粉,没有葱姜,没有花里胡哨的摆盘,因为火候掌握得好,不酥不嫩,却很有嚼劲,简简单单吃到的是真正的鳝丝美味,既干净又实在。

上菜的时候,我很好奇,为什么鳝丝上面一半有蒜末,另一半则没有?大概以前也这样,而我一直没注意。老爸说,你儿子不吃大蒜的,所以有蒜末的一半我们吃,没有放蒜末的一半留给他。

老爸说这话的时候,我有点内疚,一直以为他是个大老粗,谁料想也是这么一个粗中有细的人。

40 岁了,出嫁前,都是爸妈惯着,衣来伸手饭来张口;出嫁时,老爸老妈叮嘱我,到婆家后要孝顺公婆,勤俭持家;出嫁后,公婆待自己也像亲闺女,从来十指不沾阳春水。如今想来,什么时候学会给最爱的人做一顿饭,享受充满人间烟火味的生活,未尝不是最充实幸福的日子。

世事洞明皆学问,做菜的风格也能窥见做人的原则。掌勺一盘菜,不也是在掌勺自己的人生吗? 甜酸苦辣尽在掌握。细细想来,有时候,柴米油盐,虽然平淡细碎,但谁能说简单朴素不是一种美呢?

婆婆学手艺

丁叶红

昨晚下班回家,孩子在房间做作业,婆婆在厨房烧菜,熟悉的饭菜香味飘满整间屋子。

这是每天回到家都能看到的场景。每当这个时候,都觉得自己何其幸运。工作单位距离家很远,每天往返奔波,对家庭的照顾极少。朋友说我似乎没怎么操心过生活。我承认,现在的生活不用我操心,因为我有一个比妈妈更是妈妈的婆婆。

晚饭桌上,孩子用汤匙舀咖喱土豆牛肉。婆婆问,味道怎么样?小家伙对着奶奶竖了下大拇指,把汤匙里的菜放进了奶奶的饭碗。"奶奶,你以后和妈妈一起开农家乐,肯定会大受欢迎的。"婆婆高兴地咧开了嘴。

婆婆没有上过学,也没有做过工,是传统的家庭妇女。从二人世界升格为三口之家后,婆婆进入了我们的生活,看护第三代,照顾我们的饮食起居。产假后哺乳期加上工作忙碌,我的胃口很好,婆婆煮饭炒菜量大,大锅的米饭和盘里垒得满满的菜都会被消灭掉。谁知第二天、第三天都是同样的菜品,心里就有些郁闷。

婆婆说:"我以为你们喜欢,所以多烧了一些,以后知道了,好吃的东西也要经常换。”但她会烧的菜就那么几个，红烧肉、红烧鱼、红烧鸡、红烧鸭、红烧土豆、红烧萝卜……小家伙慢慢长大，不满足于吃红烧菜，提出要奶奶烧“像学校午餐一样”的咖喱土豆牛肉。婆婆很为难：“从来没有烧过，不知道要怎么做。”

可是，有一天下班回家，屋子里飘着浓郁的香味。婆婆居然在做咖喱菜！我站在旁边看她用心地翻炒已经上色的菜肴，好奇她怎么突然开窍了。婆婆不好意思地说，她问了小区里68号楼底楼的阿姨，是那位阿姨教给她方法的。

洗净土豆、牛肉，分别切小块。土豆易熟，切块稍大些；牛肉不易软烂，切块要小一些。土豆、牛肉一起下油锅煸炒，牛肉块变色后放入没过食材的水，大火烧开，小火慢炖，至土豆和牛肉酥软，下咖喱粉，加盐调味，再小火炖煮10分钟左右入味。

婆婆带着抱歉说：“第一次烧，不知道味道好不好，将就一下。”吃饭时，小家伙用实际行动为奶奶的“学习成果”点赞。不仅如此，我还注意到：那天的晚饭，先生也多吃了半碗，因为咖喱真的下饭呀。

受到肯定后的婆婆，学习热情高涨，烧菜技艺不断提高，新品层出不穷。豆腐河蚌汤、煎牛排、响油鳝丝、糖醋鱼、荸荠炖肉丸……但直到现在，我也不知道她自己最爱吃什么。

婆婆总是在我们出门前问今晚想吃点什么，吃饭时总是把新鲜的菜放在孩子和我们面前，让我们能最方便地夹到。即使外出分食用餐，她也总是先用刀叉笨拙地把牛排、披萨切成一小块一小块，分给我们每个人，最后自己坐下来小口小口地品尝。

我想象着，以后自己能否像婆婆那样，用心做好每餐饭，用心打理每天的家务。答案很模糊。每代人有每代人的活法。我希望，她能更多地走出家门，跳跳广场舞、逛逛超市，和老姐妹们聊聊天，活得更自我一些。至于手艺的事，顺其自然吧。

我家烧了三十年的那道菜

徐静红

每到周末，总要和姐姐电话相约，有时间就回吕巷乡下吃饭。我们心照不宣，馋的就是爸爸烧的那道松鼠鲈鱼。

说到松鼠鲈鱼，我总会想起外公。虽然他已去世多年，但他对我们的疼爱，仿佛就在昨天。外公是个厨师，在那个年代，这可是让晚辈们自豪的职业。后来，外公渐渐老去，把他的手艺传授给了我的两个舅舅，以及他的女婿——我的爸爸！

如今，我的大舅年事已高，退休在家。小舅因为生了一场大病，也在家休息。现在，能掌勺的就剩我爸。本来，他的年纪也不小了，应该可以安心在家休息。但作为土生土长的农民，我爸怎么会闲得下这工夫，任凭我们姐妹俩怎么劝说，他一心想着出去找活干。

爸爸传承了外公的手艺后，就一直从事着厨师这份工作，在金山吕巷镇当地也算小有名气。平时，邻里街坊办酒席请我爸去烧饭的人家，真不是一般的多。而爸爸最拿手的菜，就是这道松鼠鲈鱼！

从小到大，我吃过无数次爸爸烧的松鼠鲈鱼。每逢去亲戚家喝酒水，这道菜肯定少不了，邻居亲戚对这道菜也是赞美有加。每次一上桌，小孩子们就疯抢，你一口我一口，那酸酸甜甜的味道，直入心口。

那时，我就注意到，每个台面上，这道菜基本都被吃得精光。可想而知，这松鼠鲈鱼的滋味是多么美！

因为好久没有吃到这道菜了，我和姐姐再次相约，这个周末回家看望爸妈，顺便让爸爸再为我们烧一次松鼠鲈鱼。

五月的天气是舒适宜人的。在微风吹拂下，听着车里优美的旋律，我们不知不觉就到了家。一进家门，就看到天井里一箩筐的厨具和碗具，原来爸爸正在整理他的"宝贝"。

看到我们回来了，爸爸马上停下手里的活，开心地说："瞧，我给你们买了鲈鱼呢，多肥。"哈哈，爸爸也一直知道我们爱吃这道菜。

他一边说一边张罗起来。只见，他慢慢地抽取鱼身上的骨头，抽完，再用刀子在鱼的身上左一刀右一刀划着，形成一个个菱形鱼片。爸爸说，这样，番茄汤汁才能渗入鱼身，吃起来更入味。

然后，爸爸把鱼放入加了面粉的汤碗中，让面粉裹住鱼的全身。这时，油锅里的油已经开始"滋滋"地冒泡。爸爸说，这个油温刚刚好，可以把鱼放进去炸了。之后，他把番茄沙司倒入锅中，加入白糖、料酒、白醋，炒至调料完全融合。

想当年，爸爸身强力壮，一手拿着大勺，一手端着大锅，不停翻炒，这样的画面历历在目。如今，仔细端详现在他烧鱼的手，已经不如以前那么麻利，心中突然生出一丝伤感，爸爸真的老了！

此时，爸爸已将翻炒好的酱汁浇到炸好的鲈鱼身上。哇！一道色泽金黄、外脆里嫩、甜中带酸、鲜香可口的松鼠鲈鱼出炉了！我拍手称赞道："爸，您真是宝刀未老呀！"我家和姐姐家的两个丫头在旁边看着可馋了，恨不得马上开动筷子，大口吃起来！

在我们的协助下，一桌子菜不一会儿就烧好了，一家 8 口人其乐融融地围坐在八仙桌边，姐夫和老公陪着爸爸喝点小酒，谈笑风生。

此时，妈妈不停地往两个孙女碗里夹菜，她把鱼身上的肉段全都给了两个丫头，自己却只吃鱼头，还笑着说："乖孙女，多吃点啊！"妈妈的习惯就是这样，总是把好的东西留给我们，以前留给我和姐姐，现在留给她的两个孙女，就算我们说破嘴皮子，也没法改变她疼爱儿孙的一言一行。

我们边吃边聊家常，爸爸说："孩子们，你们知道你们小时候是多么喜欢吃这条鱼吗？"经爸爸这么一说，仿佛立刻回到了童年的光景。记得我 10 岁那年，有个邻居办酒席，他特地交代我的厨师爸爸，一定要上松鼠鲈鱼这道菜，我在旁边听到松鼠鲈鱼，立即嚷着要跟着爸爸一起去。那天，爸爸在厨房里忙得热火朝天，我就在他旁边看着他，一直等到松鼠鲈鱼出锅的那一刻。我偷偷用手指沾了盘子里的番茄酱，放入嘴里，那味道真是至今难忘。

如今，乡村酒席办得越来越少，爸爸的松鼠鲈鱼也很少有人提及了。但我们一家却时常因为这道菜聚到一起，虽然这道菜的风味已隐约不如从前，但家人之间的温情关爱始终不变。现在，我们唯一的愿望，就是希望爸妈慢点老去，让我们能一直品尝松鼠鲈鱼这道菜，这一份醇厚的"家的味道"……

母亲的圆团，外公的红茶

沈　娟

自从女儿开始上学后，我们回父母家的趟数便减少了很多。

于是，很多时候，都是母亲手提着大小包裹，从金山张堰镇乡下坐车来到朱泾，包裹里装着自己喂养产出的家禽、蛋和菜园里种的时鲜蔬菜。

常常是周末的清早，我们还睡眼惺忪着，门铃就欢快地响了起来。门一开，只见母亲乐呵呵地等在门外——

“奥速快点来吃，早上头刚刚做好额肉圆团，搭子青圆团，还烫啦哩……”

母亲一边说，一边把一个竹篾编的圆笪摆放到餐桌上，撕去覆盖在上面的薄薄一层保鲜膜。

只见，散发着热气的圆笪中，白色的肉圆团如早春时节的玉兰花般盛开在墨绿色的青团中，甚是好看养眼，我竟一时舍不得用筷子破坏了这美丽的画面。

其实，我很少在自家之外，见过这种顶部开口露出一点肉馅的蒸圆团。我知道，母亲的手艺来自外婆的传授。

在我的记忆里，孩提时代的我与表姐妹围桌而坐，等待着外婆把圆团端上八仙桌上的期待依然鲜活着。

一双竹筷，一杯红茶，我们学着外公的样子，将筷尖往红茶杯里点一点，沾上点水。外公告诉我们，沾过茶水的筷子夹圆团，就不容易黏筷了，而红茶也能解吃多了圆团的黏腻感。

小时候的我们，其实都不大喜爱红茶略带苦涩的味道，孩子总是爱吃甜的咸的香的，却不能接受苦的臭的涩的。我的味蕾至今都会本能地拒绝有特殊气味的食物，如榴莲、臭豆腐干、枸杞头等，但生活却一再地让我品尝着千滋百味，比童年时那一杯红茶口感苦涩数倍的清咖，如今却是深夜案头我解乏的饮品。

“小囡读书消撒途，则那也消忙来身体趟勿牢……”母亲的话，将我从思绪里拉了回来。

眼前两鬓斑白、操劳了一辈子的母亲，对我们的劝诫也正是“不要太累着了自己”。年轻时，我会嫌弃这样的唠叨，心里会嘀咕一声：哪有不吃力的生活！

但如今，当自己也成为了妈妈后，却发现，原来这是每一位家长情不自禁会对孩子的叮咛——

愿你能快乐无忧地成长，浅尝百味人生，从容笑面风云。

爸爸留下的竹笋炒小龙虾

曹　燕

步入初夏，大街小巷的小龙虾又“热”了起来。红烧的、白煮的、椒盐的、十三香的……各种烧法的小龙虾，勾引得吃货们“馋吐水”嗒嗒滴。

虽然看过很多做法，也吃过很多口味，但我最钟情的，还是爸爸的做法——竹笋炒小龙虾。记忆中，爸爸烧的菜，无论品相，还是口味，都是格外诱人的。只可惜，现在，我已经没有机会再尝到爸爸亲手烧的那些美味了。

我的爸爸出生在上海金山区张堰镇，打小就是个捕鱼捉虾的高手。听奶奶说，那时候家境不好，所以，我的父亲常和他的兄弟们跟着爷爷去张泾河里捉蟹卖蟹，以赚点钱贴补家用。直到现在，我的妈妈还常埋怨，爸爸后来患上绝症，很可能与小时候干太多累活有关。

前两天，舅妈送来了舅舅亲手抓的小龙虾。我把一只只张牙舞爪的“小家伙”，统统倒入一只大面盆里，再加入满满一盆清水，任凭它们在水里肆意撒欢。小时候，我比较贪玩，每次爸爸把龙虾养在盆里，我总忍不住手痒去抓它们，结果常被这些“小坏蛋”夹住手指，那个痛啊……我痛得大叫时，爸爸连忙赶来，利落地把小龙虾的大钳子直接掰断，成功解救了我。

现在的孩子，可能是因为平时玩具太多，并没有这样的好奇心。当我喊小宝过来欣赏这些“小可爱”时，他只是瞧了一眼就走开了，不像我小时候，被“咬”了多次，还是会忍不住去玩小龙虾……

在水里养上半天，小龙虾们基本上抖落了淤泥，洗净了身子，就等着我照着爸爸留下的手艺去烹饪了。

第一步，是把小龙虾的大钳子和细脚统统剪掉。现在，我已长大了，掌握了捉小龙虾的手法，所以再也不会被它“咬”了。

第二步，找个小刷子把小龙虾的身子仔细刷上一遍，把上面的残留垃圾给彻底洗刷干净。

第三步，把小龙虾尾部的那根肠子给抽掉，有点费工夫。现在市面上的烧法，往往都跳过此步，还说抽掉肠子会影响肉的口感，不抽掉更鲜嫩。不过，我坚持认为，保证卫生还是最重要的。

就这样，每一只小龙虾都要仔细“排摸抽取”。过程中，我仿佛看见爸爸嘴里叼了根烟，不知道是因为烟熏了双眼，还是因为要“聚光”才能麻利地抽去小龙虾的肠子，他的眼睛总是眯起来的，全程也不说几句话。以现在的审美来看，那会儿的爸爸还真是又酷又帅呀。

第四步，是把小龙虾头部有黑色脏东西的那部分剪下来，但要保证里面的虾黄不能掉出来。这可是一件难度颇高的“技术活儿”。好在，我从小就是爸爸的贴身小棉袄，以前总会跟着爸爸在边上看着，所以娴熟地掌握此门技术。

麻利干完之后，第五步是再一次清洗。由于我爱干净，所以洗起来特别精细，放在水龙头下一只一只冲洗，用水量较大，妈妈在边上那个心疼呀。但为了不打击我干家务的积极性，她也只是心疼地扭头离开了厨房。

最后一步，就是下油锅啦。菜籽油加热，将生姜放进去炒出香味，再将竹笋和洗净的小龙虾倒入翻炒，最后放入喜欢的调料，生抽、老抽、料酒等。因为我喜欢吃甜食，所以再放点糖。经过一番翻炒，一盆香气四溢的竹笋炒小龙虾出锅啦，味道赞得不得了。

晚饭时，不喜欢吃虾的儿子在我的“诱骗”下，尝了第一只小龙虾。随后，他就让我给他剥第二只、第三只……

看儿子吃得那么香，我仿佛又回到了小时候爸爸给我剥小龙虾的场景。亲情总是那么相似，总想把最好的留给自己的至亲至爱。

转眼，爸爸离开我们已有5年。虽然，再也吃不到爸爸烧的美味，但那份父爱却渗透在了我生活的点点滴滴里，每时每刻。

寻找儿时的香糯塌饼

马燕燕

在记忆的最深处，有一种叫做塌饼的家乡点心，那是奶奶用满是皱纹的手做的。

咬上一口塌饼，外层糯米松软香甜，内里的咸菜毛豆子肉馅儿鲜香流汁，那味蕾似乎瞬间得到满足，妙不可言，味道是极好极美的。

只是，自奶奶去世后，我就再也没吃到过记忆里的塌饼味道了。

直到去年的一天，在微信朋友圈里看到了刷屏的“塌饼”——一家位于朱泾镇健康路上名叫“张嫂”的点心店做的塌饼，好友们都说好吃，口碑甚好。这家点心店做的塌饼，每天销量都在两三百个，开卖没多久就会售罄。

张嫂和店里几位阿婆做的塌饼各式各样，有咸菜笋肉馅塌饼、白菜玉米肉馅塌饼、茄子肉馅塌饼、荠菜肉馅塌饼、萝卜丝肉馅塌饼、糖水塌饼，老板娘兴致来了还会做些榴莲塌饼。

于是，我这个吃货也寻香而去，一下买了 20 个咸菜笋肉塌饼。

这塌饼一口咬下去，特别解馋，鲜美得很，完全是小时候奶奶做的味道，让熟悉它的人，仿佛穿过时光隧道回到了过去，实在是一件蛮奢侈的事。

我的奶奶做得一手好点心，最拿手的就属塌饼，味道是恰到好处。极其挑食的我，对于奶奶做的点心是一点都不挑剔的，吃得也多，一口气能吃下四个塌饼，因此，我记忆最深的就是塌饼。那份糯糯鲜香的感觉，一直在我的记忆深处流淌着。

记得小时候，为了解馋，我时常让奶奶给我做塌饼，而且在奶奶制作的过程中就专心地观望，不时地咽咽口水。

奶奶会用水磨糯米粉掺一定比例的面粉放入盆里，面粉里一般会放进十多个鸡蛋，粉团里也会掺入一定比例的油，并加入少量盐和糖。奶奶说，这样可以增加口感和味道。接着，往盆里加入水，和成面团。

馅是咸菜毛豆肉糜的，奶奶将咸菜和毛豆在砧板上切碎，要花上好一阵时间。对于馅，她有自己的秘方，在肉糜里加少许酱油、糖等调味品，然后顺一个方向用筷子将肉糜和咸菜、毛豆碎均匀搅拌。

那时的我读小学，看着奶奶娴熟的动作，我整个人只能痴痴地望着。

奶奶取面团搓成长条，揪成小剂子，取一个小剂子，然后包入咸菜毛豆子肉馅，收口，轻轻按压成饼。奶奶做的塌饼总是很实在，保持馅大而结实。一个、两个、三个……没多久的工夫，一篮子的塌饼捏制成功。

我就像个跟屁虫似的，跟着奶奶跑到厨房。奶奶在煤炉上起油锅，放入塌饼，两面煎得金黄发硬，加入热水正好盖过塌饼，用大火烧开，然后再用小火收汁，锅盖焖煮一会儿，差不多干了就出锅了。

煎出来的塌饼表面油光黄亮，吃起来咸香平和，软而不烂，糯中有韧，不粘牙齿，还伴有一股清香，有丰腴的汤汁。软糯鲜香味道，令人不由地联想起小桥流水边那一大片粉红色的十里桃花，馋得让人直流口水。

塌饼沁人心脾的清香和甜糯外，还有一种敦厚的香气，说不清是土地的香,还是作物茁壮成长散发的气味。想来,也许就是春夏之交万物萌发的特有气息吧。那味道怎一个“鲜”字了得。

如今,奶奶已经离开我们十二年了,这些年里甚是怀念奶奶做的塌饼。由于自己工作繁忙,没有能够传承奶奶的一手好厨艺。如今,吃到“张嫂”点心店的塌饼,不由地回想起曾经与奶奶在一起的温馨画面,感觉这美味的塌饼中加入了人情味,多了份味道。

在塌饼中回味时光,每一只塌饼都饱含了深情。闭上眼睛,那些温情、感动不觉涌上心头。

吃上一口,立马能想到奶奶,想到当年的味道,想起奶奶制作点心时的音容笑貌。奶奶用最简单的食材,做出了我口中的“山珍海味”,也将生活中的悟道通过美食传授给了我。

“外公，我想吃炸酥肉了”

徐　茜

如今，祖孙三代或四代同在一张饭桌上吃饭的情况已很少见。不过，因种种缘故，自我有记忆开始，我们一家就是吃在外公外婆家的。

小时候，我经常会得麦粒肿，眼皮总是肿得很红很大，每次都会去金山区朱泾镇西林街上的一家医院看病。

小孩子嘛，怕痛是难免的，所以看病时，我总是借机向家人提各种要求，比如让父母买玩具等。但由于父母收入有限，我的要求常常落空。

唯独外公例外，每回他都会像变魔术一般，从身后拿出流行的玩具逗我开心。那时候，外公在我的印象里，是一个很有钱的人。直到很久以后，我才知道，每一次的“魔术”，都是外公极度省吃俭用的结果。

很长一段时间，外公都是我们家里的大厨。从确定今天吃什么，到去菜场买菜，再到烧菜摆桌，都由他全权负责。每顿晚饭过后，他都会问，“明天想吃什么?”如果我们没什么指定的要求，通常每周的饭桌上定会出现一道菜：炸酥肉。

炸酥肉，似乎是外公的独门武器。如果家里有人食欲不佳，或是心情不悦，他都会做一次炸酥肉，来表达他的关怀。说来惭愧，吃了十几年的炸酥肉，我却没有一次目睹制作的过程。这注定成了一份遗憾。

因为要写传家菜，我就拜托外婆，代替外公再做一次炸酥肉。外婆一边准备着食材，一边嘴里念叨着："啊呀，我做的没有老头子好吃。"而我，在旁看着外婆忙碌，想到外公曾经每日的操持，不知不觉就泪目了。

炸酥肉，看起来和椒盐排条差不多，都是面粉裹着肉，但外婆告诉我，其实区别很大。

首先，肉要选猪瘦肉，切成薄片，还要提前腌制，才能更加入味。其次，得准备一个大碗，加入面粉、淀粉、鸡蛋、少量盐，搅拌均匀，面糊不能调得太稀，不然挂不住肉，如果想口感更酥脆，面糊里还需加一些植物油。

看着外婆一步步重复着外公以前的操作，我心里五味杂陈。

外婆说："记住，将腌好的肉条倒进面糊中，使肉条分别裹上面糊，然后在锅内倒入油，加热后，一个个放进挂糊的肉条，炸至面糊呈金黄色，就好了。"

周围的人都知道，我的外公有一双巧手。他腌制的生姜、咸菜格外鲜美，他包的粽子也特别糯，越煮越香。

每逢端午节，外公都会包很多很多的粽子，然后送给邻居、朋友。因为实在好吃，大伙儿还会拿去与朋友们分享，一传十、十传百，后来，亲朋好友都会自带食材请外公帮忙制作，而外公每次都会来者不拒。那厨房间里的大锅煮沸的粽叶香，就是我记忆里端午节的味道。

世间佳肴，伴着情感的总是更为难忘。

《食神》里的蛋炒饭如此，外公的炸酥肉、粽子亦如此。外公没上过私塾，不认识字，也不会说什么大道理，但他有自己的一套理论。比如，在他的观念里，晚辈吃得好，就是他的追求。他还有一句口头禅：

"吃光用光只要身体健康。"所以,我们家的伙食一向很好。在外公的观念里,我性格内向,且不爱惹事,所以从小到大,无论我遇到什么难事,他都会第一时间挺身而出,他最常说的就是:"茜茜受委屈,我会难过的。"

有一段时间,我住在石化,每次回外婆家,都会明显感觉他们俩又老了一些。外公原本一头的黑发变成了灰白。他也减少了外出买菜的次数。最后几年,外公几乎每年都要住几次医院,听医生说,他心脏不好。晚年,他常常大把大把地吃药。

看了一本书,书上说:"你永远都不知道,自己到底有多坚强;直到有一天,你除了坚强之外,别无选择。"而我的坚强,是从 2016 年的人生变故开始的。不知道为什么,外公走了以后,我一直没有很大声哭泣过。如今,哪怕遇到再大的委屈,遭受再大的打击,我都只会默默地难过。

眼前的炸酥肉已经摆盘,还是那熟悉的味道。但是,房间里再也听不见那一声:"茜茜,明天你想吃什么?"

外公,我想吃炸酥肉了!

记忆里的葱油香

阿 君

不知从何时起，坐车时我变得睡不着了。想起以往一上车落座便呼呼大睡，如今两眼巴巴盯着窗外能看一路，不禁唏嘘，这大概就是岁月赠予的礼物吧。

简而言之，老了。

老了，好像都会得一种"病"，念旧。而在我的字典里，"念旧"是绝对的褒义词，怀念故旧，怀念往事，怀念故人。我还是喜欢"念旧"这份岁月的馈赠的，就像此时，班车的窗外是一段写意的乡村公路，两侧方方块块的农田里，丰收装进了粮仓，弯腰的老农正播下新的希望。每见此景，我总能想起她，微驼，黝黑，还有无论多忙都梳得精巧盘在脑后的发髻。她，就是我的外婆。

外婆有一双像男人一样的大手，青筋四起，摸起来毛毛的，粗粗的，但却是这双手，给了我对于美食的无尽记忆。清明团子、南瓜小饼、糯米饭糍、腌皮蛋、酱脆瓜……最普通的食材，最原生的状态，却是最地道的美味。

而我今天的念旧，是念一份来自舌尖上的亲情——有那么一碗面，让我热泪盈眶。

霎时，我仿佛又看见围着土布围裙，站在灶前忙乎，回头冲我笑的外婆。真的是好久都没有这么认真地回忆一个人了，还没写上几个字，已然热泪盈眶。记忆的闸门逐渐打开，也是现在的时节，芒种前后，那时的我正读高一，周五放学回家将近三小时的路程，在公交车上睡了一觉又一觉，揉着惺忪的双眼，一下车就看见了正在田里插秧的外婆。夕阳中，外婆尽力挺着背，抬起右手，用衣袖擦拭着脸上的汗水，眯着眼对着我笑。那样子，我永远都不会忘却。

“不种咧，回去给阿君烧夜饭去了，读书公子回来哩！”说着便从泥水中拔出双脚，和隔壁田里的阿婆“道别”。衣袖早已湿透，哪还擦得了汗？一颗颗豆大的汗珠从草帽与额头的缝隙中争相顺流而下，黝黑的脸庞不知何时沾上了烂泥，我伸出手去，想给外婆擦擦，而她总是往后一躲，生怕我一碰到泥水就会永远变成种田娃似的。我知道，这是外婆疼爱我的一种方式。

刚摘的番茄还没啃完，灶头间就已“呲里啪啦”热闹起来。一蹦一跳地进了厨房，左探右看，外婆正炸着刚从屋前地里挖起来的小葱头呢。“葱油拌面！”我惊呼。可以简单到什么都不放，就只是用点葱油、酱油拌拌也照样香气扑鼻，诱惑难挡，是我夏日里真真最爱的那一口。我是一个不爱吃葱的姑娘啊，是那种吃个炒饭也会把葱粒一颗颗往外挑干净的处女座强迫症晚期患者，但很分裂的是，葱油拌面我却能吃得狼吞虎咽。葱经过热油的洗礼，被洗炼得醇厚深邃，沉淀下特别的香气，成为了一种截然不同的东西，我把它称为“最平凡的惊喜”。

至简至淡，至清至味，大约说的就是葱油拌面吧。煮一团在阳光下晒得干香的卷面，熬一碗喷香的葱油趁热浇上一大勺，再淋上些许酱油，一拌，这美味便成了。白嫩的香葱变成了黑乎乎的焦葱，香气四溢，让不吃葱的我食指大动，连连咽口水。而我的碗里，也总是会不经意地多出一个大大的太阳蛋，如同外婆灿烂的笑。

外婆的葱油拌面是再也吃不到了。惊喜的是，前些日子回娘家，老爸的“随便吃吃”竟有了意外的惊喜。葱油拌面，丢失了快 18 年的味道，不曾想，就这样毫无准备、毫无预见地与之重逢了。这熟悉的面香、葱香、酱油香，和着面条的热气，竟夸张到让我心潮澎湃，狠狠消灭了一大碗！

幸福就是如此简单。所以，当女儿问我“今天你怎么吃了这么多”时，我笑了，告诉她，我在寻找记忆中的味道。我是幸运的，毕竟我终究还是寻到了。

最后，一首无题诗送给不在父母身边，心中有怀念的“米道”的粉丝们，常回家看看。

像是一股热油淋上了白面，
吡哩吡哩的声音还响在耳边，
眼前是一碗喷香的葱油拌面，
记忆中的炊烟总在梦里出现。

老爸老妈来了

四脚猫

一到机场，我就气不打一处来。

叮嘱了爸妈好多次：别带太多东西，家里啥都有。但他们还是带了五六个大包，也不会用机场推车，踉踉跄跄把行李挪到了出口。爸妈只是难为情地笑笑：没多少东西。

这是爸妈第一次来上海，准备照顾已经怀孕三个月的儿媳。爸妈都是农民，花甲之年从千里之外来到这个陌生的地方，做足了准备。细数爸妈带的东西：小黄米、玉米糁、粉面、豆面、肉丸子、核桃、大枣……差不多四口人一个月的口粮！

爸妈来了之后，我们的生活发生了翻天覆地的变化。早饭从凑合升级为享受，晚餐从打发提高为品味。最大的受益者就是我。天天做梦都能梦见面食的我，现在天天都能吃到。

爸妈过来的第一件事就是买面粉、面盆、面板、擀面杖、捣蒜罐子。

老妈最拿手的是手擀面。

一掌一掌把面和出来，成形的面团要光滑有劲，和好面后，面盆壁上也要干干净净。老妈从小就告诫我：懒汉和稀面！

和好面团后，最好拿一块湿的纱布把面团盖起来，醒一醒。否则，面团很有劲，擀面时很费力。

这个空当可以去炒浇头了。老家的面条一般都是拌面，炒浇头是必需的程序。浇头有很多种，最经典的有番茄炒蛋和小炒肉、炖土豆粒、海带丝。

浇头遵循两大原则：咸和含蓄。浇头是用来拌面的，咸味必须要恰到好处。加酱油来增加咸味，这种咸味附着在面条的表面，吃到面条时首先感觉到的是酱油的咸味，就会给人不适感。同样的道理，拌面的主角是面，浇头不能抢了面的风头。所以，浇头的料都要切成丁儿，也就是要含蓄。

面团醒10分钟就可以擀面了，擀面要准备好铺面，面擀至适当厚薄即可。把擀开的面叠好准备切面，面条的宽度因人而异。我比较喜欢细面条。老爸喜欢宽面条，他称之为"等嘴面"（面条宽度与嘴巴一样宽）。

面条下锅后煮3分钟即可。老妈的经验是五翻饺子三翻面，即面条煮沸后加三次凉水再煮沸即熟。

煮面的空当，我的任务是捣蒜。

为了便于拌面，碗里的面条不要捞太多。浇适当的浇头，淋少许醋蒜泥即可。

老妈第二拿手的是小拉面。

第三拿手的是饺子。

第四拿手的是葱花饼。

第五拿手的是焖面。

老爸最拿手的是炸肉丸子。

家乡的肉丸子有些与众不同，不是纯肉的，而是肉馅与淀粉按照一定比例调好后再炸。所以，它不是用来做菜，而是当主食的。由于加了很多葱、姜、蒜等佐料，又很酥脆，可以当零食干吃。同时，也可以做成氽汤，作为早餐首选。

老爸第二拿手的是拌凉菜。猪皮冻、土豆丝。

两个月后，爸妈开始拌嘴了。有一周，我不经意间发现，每天早饭突然降格了，氽汤不见了踪影，疙瘩汤没了蛋花，连煎蛋也没有了。单调的小米粥加油条、榨菜，连续出现了四五天。

爸妈平时的买菜钱，都是老婆每月定期给。我吃好早饭马上问老婆才知道，这个月已经过了十天，爸妈的买菜钱居然忘记给。我恍然大悟，晚上回家赶紧补上。

爸妈都很抠门，这是他们风平浪静过日子的基础。但老妈比老爸更抠，这是他们吵嘴的根源。

对于老妈的抠门，我也无法忍受，我完全理解老爸。我至今仍然厌恶的三种食物是嫩玉米、红薯、豆面。

小时候，家里细粮(白面、大米)很少，平常基本吃粗粮。

每年玉米成熟时，老妈总会翻着花样给我们做饭：煮玉米、玉米糁、玉米面、玉米糊、玉米面疙瘩。这些在现在人看来无比健康的食物，我光听听名字都会不寒而栗。

玉米过后是红薯，当时我最怕红薯丰收。一丰收，每天就有吃不完的煮红薯、蒸红薯、烤红薯、红薯饼。

在难得吃到细粮的时候，我最恨老妈"糟蹋"细粮。好好的白面，非要在其中加入豆面、粉面，做成三和面。白亮亮的大米，非要在其中加入小米，做成两米饭。炒菜总是放很少油，菜基本水煮。浸满水的茄子块、土豆块、青椒，对于我都是噩梦。

现在生活好了，但爸妈还是改不掉抠门的毛病。比如外出游玩，爸妈一定不住好酒店；每次住宾馆都要把自己穿过的一次性拖鞋带回家；老爸还经常从外面把一些纸箱塑料瓶带回家堆在阳台上；老妈则会把放冰箱几天的剩菜剩饭吃掉。

老爸也因为老妈太抠吵过好多次嘴。比如老妈在饭馆吃饭后还要顺一把牙签。老妈怕花钱而拒绝去医院体检。但在生病后不严重的话,老爸赞同老妈不要动不动就去医院。

别人不理解,但我知道,他们吃过野菜吃过树叶,肚子饿了喝凉水顶着。他们要赡养老人,养育两个儿子,依靠的就是几亩薄田。他们知道每一颗粮食的珍贵,他们不敢浪费一颗粮食。他们必须精打细算才能把日子过好。我无意改变他们的生活习惯,只是会悄悄让物业阿姨把阳台上的纸箱瓶子收走,只是会悄悄倒掉隔夜的蔬菜,并谨记尽量不剩菜剩饭。

爸妈来了,给我们减了负,还天天享受美食,享受家的温暖。

时常会想起老舍说过的一句话,人,即使活到八九十岁,有母亲便可以多少还有点孩子气,心里是安定的。

第三篇章

寻|味|乡|间

深藏山中的佘山兰茶

黄勇娣

最近,佘山兰茶开采了!

在松江西佘山,隐藏着上海地区唯一的本地茶园,只有 30 亩,没有多少上海人知道它的存在。

它的单价甚至达到过每 500 克 8 000 元,但因产量太少,人们有钱也难得。

康熙五十九年(公元 1720 年)春,康熙赐名佘山为"兰笋山"。山上特有的生态环境,使得产出的笋和茶都带着淡淡的兰花清香。

20 世纪五六十年代,西佘山恢复了茶叶的种植。1957 年,松江林场从杭州梅家坞引进优质茶树的母本进行试种。茶树适宜于酸性土壤种植,但上海的土质基本都属碱性,在极少见的酸性土质中适宜种茶的,唯独这佘山脚下的 30 亩地。历经近 40 年的培育发展,这里成了上海本地唯一的采茶处。

在离叶尖一厘米的地方轻轻一掐,细嫩的茶芽儿就到了采茶女的手中。

清明前后将进入最忙碌的采茶季,届时需要五六十名采茶工来帮忙,"每两个人负责一排茶树,第一天采过一遍,第二天芽叶又长出来,再采摘一遍”。

到了采茶时节，茶园里满山坡绿油油的茶树，一行行，一列列，层层叠叠，像绿色的波浪绵延起伏。

空气中氤氲着似有还无的幽香，满目的青翠欲滴让人心旷神怡。

倘能以当地泉水沏一杯佘山兰茶，浅品慢饮，可谓人生一大享受。据说，位于东佘山西坡下的洗心泉，是佘山著名天然涌泉，水质清冽，相传由北宋太平兴国三年(公元 978 年)聪道人所开凿。唐代诗人白居易曾以“闻道松江水最清”的诗句赞美此泉。

佘山兰茶的制作过程全靠手工完成。经过抖、带、甩、扣、捺、抓、挺、压、磨等十余道工序。

如今，佘山兰茶还保留着传统的纯手工制茶工艺。刚采下的鲜茶，要经过晾晒、烘干、翻炒等多道工序，才能炒出色、香、味俱全的特级兰茶。

泡上一杯佘山兰茶，清香顿时在室内飘散开来。正宗的佘山兰茶，叶绿素含量较高，因此泡制出的汤色杏绿，明亮清淳，形如片片竹叶，味似缕缕兰香，清香清幽、口感醇厚。

芦潮港码头边的“刀鱼馄饨”

黄勇娣

听说笔者每周要写乡间美食，一位家住浦东书院镇的陶姑娘热情爆料：芦潮港码头附近，有一家小有名气的阿新饭店，这几天开始推出“刀鱼馄饨”，吃的人可多了！

从市区驱车近百公里，来到老芦公路、芦安路口，下车就看到路边一排的海鲜门店，店招都十分鲜亮醒目。陶姑娘带路，来到了位于中间的阿新饭店，进门就看到大厅里食客满座、热闹异常的场景，而一旁的大型冷藏柜里，琳琅满目地摆放着各种海鲜。

“不管是工作日，还是双休日，这家店每顿要翻好几次台面。”陶姑娘说，有一天中午，她和几位闺蜜开车来吃海鲜，因为没位子只好等在一边，没想到，她叔叔突然“冒”了出来，说自己一桌快吃完了，可以让给她们；吃完饭，她并没有把车开走，而是坐闺蜜的车去附近办点事，半路上，她爸爸打来电话，问女儿怎么把车停在饭店门口，原来她爸爸也带着客户来吃饭了。

一家三拨人，不约而同，在同一个中午去了一家店。这故事听起来有点夸张，但阿新饭店受欢迎的程度，由此可见一斑。

年轻的店主阿新，看起来和气、敦厚。他说，父亲原来是个鱼贩子，自己从小就掌握了挑选海鲜的本领，鱼虾蟹的品质好不好、到底新鲜不新鲜，他一眼就能看出来。所以，别家店的海鲜是从海鲜市场买来的，而他则是直接从渔船上采购的，价格要便宜一大截，货还是最新鲜、最正宗的。

海鲜质量好，价格又实惠，使阿新饭店生意越来越好。现在，他店里一共 20 张桌子，但双休日一天食客有 200 桌，一张台子最多要翻七八次。

笔者迫不及待要看刀鱼馄饨。来到饭店一角，一位阿姨正在包汤圆、馄饨等。一个大碗里，盛放的正是刀鱼肉馅料。

阿新说，这是江阴供货商清晨加工的新鲜馅料，在上午 10:30 前后送到了店里。馅料所用的刀鱼，并不是芦潮港这边出产的海刀，而是正宗的江刀，所以得从江阴送过来。只不过，加工馅料所用的刀鱼，并不是 2 两以上的“大刀”，而是 1 两以下的小刀鱼，所以价格并不惊人，但格外鲜美。

加工馅料时，需要将小刀鱼剁碎，再用纱布沥去骨头，再打入鸡蛋，搅拌均匀就可作馅料了。馄饨皮，也是江阴特供的。这样的刀鱼馄饨，一碗 10 只 45 元。平均下来，一只 4.5 元，也并不贵！

对于馄饨的汤料，阿新的做法比江阴那边更讲究。他把贝壳、鱼等放在一起煮，熬出来的汤水，用来下馄饨，更加鲜美。

咬一口刚煮好的刀鱼馄饨，细细品尝，对馅料的第一感觉就是“鲜”，口感则与肉馅完全不同，虽然也很嫩，但仍能品出细碎的刀鱼骨头……“清明前的刀鱼骨头，并不硬，吃了是很好的；清明后就不能吃了……”陶姑娘抢着告诉笔者。

据说，虽然刀鱼馄饨才供应了没几天，但老食客们已经听到了消息，争相前来品尝，现在店里一天可卖七八百只刀鱼馄饨，其中一半被食客打包带回了家。不过，刀鱼馄饨属于时令美食，只供应短短一个月。

吃完刀鱼馄饨,笔者不忘询问:店里的海鲜价格,到底有多公道?

阿新举例说,鲳鱼,别家店卖 180 元一斤,自己只卖 100 元一斤;野生海虾,别人卖 150 多元一斤,自己只卖 85 元一斤;而海肠,别家店都没有货,自己是叫人从青岛、大连带过来的,限量供应,只卖 28 元一份……“我的店并不提倡高消费,希望让什么人都走得进来,吃得起好的海鲜。”

陶姑娘说,店里的濑尿虾,每一只都很肥,而且只只有黄,吃起来特别过瘾……“再过半个月,濑尿虾还要更肥美。我进货时,挑的每只虾都是有黄的,不好的虾坚决不要,所以采购价也比统货贵好多!”阿新补充说。

春至佘山,一支兰笋百样鲜

黄勇娣　王颖斐

3 月郊外,春芽萌发,一些资深美食家已经开始蠢蠢欲动:佘山的笋期应该不远了,到时候又能带着家人去登山挖笋,品味“一支兰笋百样鲜”了。

产自佘山的兰笋,是一种隐约透着兰花香气的春笋。在这座城市里,很少有人品尝过本地的兰笋,更不知这竟是康熙亲赐的美称,而佘山还有另一个名字“兰笋山”。

佘山自古盛产竹子。据《松江府志》载:公元 1707 年春,康熙皇帝南巡至松江,时任江南提督张云翼及松郡官员设宴,以佘山特产之竹笋饷帝。康熙品尝竹笋时觉得隐隐有兰花清香,龙颜大悦。后来,康熙御笔亲书“兰笋山”,命杭州织造员外郎孙成至、苏州织造司库那尔泰两位钦差大臣,奏韶瑟离京,坐船南下,同送御匾至松江佘山,并于玄妙佛殿举行了隆重的上匾朝贺之礼。“兰笋嘉名昭海内,芝花钟瀚贲岩隈。”自此,佘山也被称为“兰笋山”。

时至今日,康熙题匾和玄妙讲寺已不复存,佘山的“兰笋山”之名也鲜为人知。好在佘山的竹林却仍在茂密生长,兰笋也是年年萌发。佘山国家旅游度假区近年办起了一年一度的兰笋文化节,让人们重新

“发现”了兰笋。

如今，在佘山 1 000 多亩的竹林地中，生长着 50 多万株毛竹。每年仲春，佘山地区气候温和湿润、雨量充沛，此时，鲜嫩的竹笋便争先恐后地破土而出。前两年，鲜美可口的兰笋，引得一些市民纷纷进入山中，循香而行，在满坡的翠竹间，学做“山民”挖春笋。

此时，佘山周边的大小饭店也忙着烹饪起了兰笋菜肴：虾籽兰花笋、糟溜兰花笋、咸鹅烩双笋……将兰笋作为主要原料，以烩、爆、炒、焖、熘、蒸、煮等 10 余种手法精心烹饪，兰笋山庄、松浦度假村和大众国际会议中心等店研制出的与兰笋有关的菜肴，多达 100 来种。

在佘山森林宾馆的厨房里，笔者曾目睹了掌勺的姚大厨烹饪他的拿手菜“佛手笋焖圈子”：把兰花笋去皮洗干净后，放入开水中煮一小时，冲凉后备用，大肠头洗干净，放入锅内红烧；然后将兰花笋取出，改刀成佛手形状，把大肠头改刀成圆圈形状；放入改好刀的兰花笋、大肠头，再放入葱姜等调料一起红烧五分钟，这道色香味俱全的佳肴才能摆盘上桌。

“比起江南其他地区产的笋，兰笋的涩味更重，口感却更加鲜香。在前期处理上，兰笋要比一般的笋多煮 10 分钟去涩，但经煮后更鲜香嫩，让人齿颊留香。”这是深谙佘山兰笋烹调技法的姚大厨多年来总结的经验。

兰笋入菜不仅味美，价格也平易近人，如笋干毛豆、兰花笋烧肉、荠菜兰花笋、干贝兰花笋、三丁包、兰笋菜饭、兰笋辣酱面等，价格多在十几、二十元左右。“兰笋产于竹，竹子历来被赞为正直、勤俭的代表。要是将它做成昂贵的菜品，不是羞煞了这笋么？”兰笋山庄的厨师长任伟民说。

兰笋山庄推出的兰笋宴，包含了 10 多道兰笋菜肴，冷菜、热菜、点心一应俱全。其中一道虾籽兰花笋,在清爽的滋味中带有虾籽的鲜香,口感咸鲜,又提升了味道的层次感,深受食客欢迎。去年,这道菜还荣获了“我喜爱的松江十道特色菜”称号。

朱阿婆和她的张堰臭豆腐

黄勇娣

千年古镇张堰，文化底蕴深厚。南社、柳亚子、姚光、高铁梅等名字，都与这座古镇紧密联系在一起。2009 年获得诺贝尔物理学奖的华裔科学家高锟，祖辈也是居住在张堰镇上的。

商贾文人往来，留下了许多故事和名菜。但如今，在南社纪念馆大门的街对面，竟又出了新的“名人”和“名吃”：朱阿婆和她的张堰臭豆腐。

每到周末，许多人会专门开车到张堰镇，只为买上几十块阿婆亲手炸的臭豆腐，然后打包带回家与家人一起品尝。他们中的许多人，并不知道阿婆姓什么，只说得清是一位阿婆，以及她摆摊的大概位置。

前不久，一位老客户上午 10 点要坐飞机，就提前打电话给阿婆，请她一早炸好几百块臭豆腐，自己带着去北京请亲朋品尝。阿婆告诉笔者，这样的情况，每年有好几次。去年，还有一位客人定了几盒臭豆腐，并请阿婆用木箱装订好，说是要带到新加坡去。

下午两三点，笔者找到了阿婆的摊位。只见阿婆矮矮胖胖的，穿着鲜艳的红色外套，看起来比实际的 75 岁要年轻许多。她并不记得自己什么时候开始卖臭豆腐，只说是“大约 40 多岁的时候”，粗略算起来有 30 年左右了。

最初,她一天只卖四五斤臭豆腐,但现在一天要卖上百斤了。臭豆腐的价格亲民,炸好的一元一块,生的还要更便宜些。

正说着话,阿婆接到一个电话,“奉贤南桥一家饭店打来的,说是正在采购食材的路上,等会儿路过张堰镇,要 100 块生的臭豆腐”。因为名气越来越响,远近的饭店都来采购臭豆腐作原料,回去做油炸臭豆腐、蒸臭豆腐,颇受食客欢迎。如今,阿婆家超过一半的生臭豆腐,每天都被饭店买走了。

阿婆炸了几块臭豆腐,请笔者品尝。奇特的香气自不必说,咬一口到嘴里,外皮是脆而嫩,里面则是咸而香……“我家的臭豆腐,不蘸酱料都好吃,别的景点都是酱料、汁水调出来的。”阿婆自豪无比。

而她的手艺,主要来自母亲的传承,以及自己的摸索。她娘家在农村,小时候妈妈经常买来豆腐,再用纱布一起包上苋菜、生姜、盐等,闷上发酵一阵子,就能让孩子们吃上臭豆腐了。据说,朱阿婆母亲做的臭豆腐,亲戚朋友吃了都说好。

30 年来,朱阿婆做臭豆腐越来越熟练,越来越好吃,其中的关键在于她调出的私家卤汁。卤汁好不好,她用手撩起来,让汁水顺手指滴下去,就能看出来了。太稀不行,太稠了更不好。现在,她家里排了 20 个大缸,每个缸里都用竹笼浸着豆腐干,每一批卤汁只能用 2 个月,每个缸里每过一段时间就得换卤。

做臭豆腐是个苦差事。每天凌晨 3:30,阿婆就起床了,要把发酵好的豆腐拿出来,再把生的臭豆腐放进缸里。发酵的时间必须严格控制,夏天和冬天的时间差别很大,时间太长臭豆腐会散掉,太短则不入味。忙到 7:00,又得出门摆摊了。阿婆的子女都有工作,并不能接手她的“事业”,只能偶尔来家里帮忙换换卤。

不少投资者盯上了朱阿婆和她的臭豆腐。有人买了阿婆卤好的生豆腐去市区摆摊，结果炸出来的臭豆腐并不好吃，基本没什么客人买。有人出了2.5万元，请阿婆传授做臭豆腐的秘诀，阿婆不同意，后来对方又加价，但还是被拒绝了。有人想在金山工业区开一家工厂，专门生产张堰臭豆腐，要请阿婆去做技术总监，但阿婆和子女们商量后，还是拒绝了：老人年纪大了，工作量太大肯定吃不消。

朱阿婆也收过一个徒弟。当时，还办了收徒仪式，喝了拜师酒。但一年后，这位信心满满的徒弟还是逃走了，说是太复杂，太辛苦。

让柳亚子赞不绝口的响油鳝丝

黄勇娣

前不久，笔者写过上海金山张堰镇的朱阿婆和臭豆腐，这一“草根美食”引得不少市民悄悄下乡。而早在20世纪30年代，当地有道名菜还让近代著名诗人柳亚子赞不绝口，他曾特地撰文在上海报刊上介绍，使之进一步名扬淞沪。

这道名菜，就是张堰炒鳝丝，也叫响油鳝丝。据说，它始于清光绪年间的张堰聚兴楼菜馆，传至20世纪初的复兴馆时，名声大噪。如今，张堰人招待外来贵客，必定要端出一盘响油鳝丝，并且讲上一段柳亚子与响油鳝丝的故事。

听说笔者对这道张堰名菜感兴趣，镇上的南社纪念馆负责人姚老师，特地叫上91岁的当地老人吴肇初，找了一家能做出本地原味的小菜馆坐下来，大家边吃边聊。

这家菜馆就位于张堰镇的留溪路、金张公路口。姚老师说，张堰镇旧名赤松里，相传汉留侯张良从赤松子游曾居于此，故又称留溪、张溪，晋朝已形成商市，时称留溪镇。到了清末民初，交通发达的张堰，已是“江南名镇、浦南首镇”，成为商贾文人往来、聚集之地。

近代，张堰镇涌现了许多知名人士，其中就有曾追随孙中山并担任同盟会江苏分会会长的高天梅,他与诗人柳亚子和另外两名张堰籍人士高吹万、姚石子创办了著名的南社。

当时,柳亚子从浙江到上海念书,曾住在张堰镇的高天梅家,后来又结识了姚石子(姚老师的同族长辈)。有一次,在张堰镇的第一楼里,柳亚子与朋友们边喝茶边聊天,不知不觉到了吃饭时间,于是,姚石子便做东,请饭店做了几道菜送到茶楼来,其中一道菜就是让柳亚子吃了难忘的响油鳝丝。

我们正说着,服务员将一盘鳝丝摆上了桌,厨师随后赶到,迅速浇上滚开的熟油,盘中立刻响起滋滋的声音,诱人的香气顿时弥漫开来。

然而,对眼前的这道菜,姚老师似乎不太满意。“现在,这道菜已经变得简单了,以前,可是形、色、香、味俱全的。”他说,共和国成立前后张堰知名的复兴饭店,以及20世纪七八十年代红火的张堰和平饭店,烧的响油鳝丝都是十分正宗的:那时的响油鳝丝,盘中央还有个小坛,熟油渗入其中,滋滋作响,观赏性更佳,鳝丝上还撒了蒜丝、葱丝和火腿丝,呈现红色、白色、绿色、褐色,十分好看。

吴肇初老人则说,响油鳝丝最好吃的时节,是每年水稻下种的时候,此时,黄鳝经过了冬眠,个头还不大,却是最鲜嫩的。

以前,张堰人家招待客人,喜欢叫镇上饭店送菜上门。响油鳝丝送到时,往往还能听见响油的声音。

接着,饭店服务员端上来的,也都是昔日的张堰名菜:炒三鲜、糖醋鱼块、糖醋排骨、野生塘鲤鱼、蛋皮丝……对于每一道菜,姚老师和吴肇初老人都能讲出一串旧时故事。

“炒三鲜,以前必须包括10样食材,这可是鲜得要命的东西,也是当时张堰复兴饭店的拿手菜。”姚老师说,所谓“三鲜”,并不是指三样食材,而是看起来鲜、闻起来鲜、吃起来鲜的意思,食材则包括爆鱼、肉皮、鸡蛋糕、木耳、肚片、肉圆、胡萝卜片、鸡块、笋片、豌豆这10样,“现在的炒三鲜,食材不会这么齐全了”。

两位老人选定的小菜馆,虽然并不高档气派,但还能烧出本地菜原来的味道。饭店人气十分旺,必须预约才能有座位,当场过来是吃不到的。

早听说两位老人和笔者要过来寻味,店主 80 多岁的老父亲还特地去河里捞了螺蛳,并亲自下厨炒好,让女儿端上桌来。

老沪杭公路上“第一店”，凭什么红火几十年

黄勇娣

在金山寻找最好吃的乡土菜肴，竟被当地老饕陆哥带到了浙江平湖一家店，说这是老沪杭公路上“第一店”，很有名气，已经红火了几十年，食客基本是上海人。

车子沿着老沪杭公路一直开，在浙江境内行驶了大约10多分钟，陆哥将车子停在了路边，看起来“前不着村，后不着店”。一抬头，看见了路对面的“三欣饭店”，名字和样貌再平常不过。

看见陆哥，店主熟络地打了招呼。他说，到店里来吃的八成以上是老客户，许多人每周都会来一次，最频繁的甚至一周来吃三四次。有一批青浦客人，虽然离这儿实在有点远，但每年仍要相约来聚两三次。

这家店有啥拿手好菜？陆哥说，白切猪头肉应该排在第一位，这是每桌必点的菜，有的一桌吃完一盘，还要再点一盘。老板是从不接受外卖的，因为堂吃都供不应求。此外，还有油煎馄饨、各种鱼、各种海鲜等，都是老饕赞不绝口的。

1970年出生的何雪军，是这间店的老板，也是厨师们的亲传师傅。他说，1997年以前，这还是一家小小的路边熟食店，自己从妈妈

那里接手后，慢慢把饭店做得越来越大了。“我没什么秘诀，就是——菜是自己种的，鱼比人家新鲜，蟹比人家肥……”

就说猪头肉。他说，自己喜欢吃肉，所以摸索创出了这道拿手菜：原料首先要确保干净、新鲜，都来自直供的安徽土猪，猪的个头不能大，大约在 160 斤。一个猪头烧好后，要去掉一半的肉，只留下最好的部分，比如猪鼻子、猪下巴、猪耳朵、巴掌肉，吃起来口感特别紧致。

一般来说，店里一天起码需要 4 只猪头，但店主坚持只烧 2 只猪头，为的是保证新鲜度，都在当天卖完，绝不卖隔夜的菜。

当过渔民的何雪军，有自己的“渔民圈子”，不需要中间环节，就可以买到最新鲜、最优质的海鲜。渔民第一时间把捕到的鱼虾蟹送过来，总能获得高于批发的好价钱，而何雪军也是划算的，毕竟要低于市场零售价。

所以，食客在点菜时，常会看到，浑身是泥的渔民，拎着水滴滴的海鲜，走了进来。

夏天，青蟹卖得特别好。经常有食客吃完赞不绝口，问：为什么你这里的蟹这么肥？何雪军笑而不语。他告诉笔者，自己早就练出了挑蟹的火眼金睛，一只蟹拿在手里，正反两面看一看，就知道有几分壮了。

他还邀笔者去他家蔬菜基地看一看，“每一样蔬菜，都是当天采摘的，有时候店里用完了，临时再去大棚里采摘”。看一眼他炒出的青菜，就明白了“活杀青菜”的不一样。

油煎馄饨，黄灿灿的，好看又好吃。奥秘之一，在于用了自家榨的老菜油。

而厨房里，干干净净的，并没有摆放过多的佐料。看来，用心选食材、做原味，是这家店的奥秘。

东海边的奇怪“青团”

黄勇娣

临近清明,青团又成了网红食品。但在上海东海边,记者发现了一个村子,那里家家户户吃的“青团”,竟与周边其他地方大不相同。

为了吃到该村农家现做的青团,我们一行人来到了浦东书院镇村民洪阿姨的家里。

一进院子,笔者就眼前一亮:宽敞的厨房里,几位阿姨正围坐在一起,不紧不慢地做着青团;她们的身后,一张铺开的苇席上,已晾满了刚蒸好的青团;旁边土灶边,还有两位阿姨正忙着烧火蒸青团……

看到客人进门,洪阿姨赶紧分发筷子,请大家品尝新鲜出笼的青团。

定睛细看,笔者发现,它们竟是“头上长角”的青团,立刻问了一句:这是青团吗?

56岁的洪阿姨肯定地说:“是青团呀,我们从小吃到大的!外面那种圆圆的青团,我们村的人都不爱吃的……”

认认真真吃完一只“长角的青团”,笔者顿时没话了,在心里默默说:好吃!马上又夹起了一只。

这口感、风味,都与以往吃到的青团不一样。

外皮，虽然也是青色的，但颜色要淡一些，咬一口，口感也是软软的，但明显不是糯米面做出来的，既不粘手，也不黏牙，偏硬，但嚼起来很有弹性，而且是越嚼越有劲儿的感觉。

“你说对了。它们的外皮，没有用一丁点糯米面，全部是用粳米面做出来的。以前，村里年轻人下田干活前，能一口气吃掉一二十个，好吃又容易消化！”洪阿姨笑说。

面皮的淡淡青色，就是艾草的本色哦。到底什么是艾草？洪阿姨特地带记者去了田里，找到艾草年年萌发的那一小块地，拔了几棵给我们仔细瞧一瞧，“这可具有通经活络的作用呢”。

头一天，洪阿姨从田里采回几十斤艾草，摘取比较嫩的茎叶，洗净、煮熟、沥干，去除苦涩的汁水，然后将烂而糯的艾草放入粳米粉中，再倒入刚煮好的一大锅稠粥，来充分搅拌、和面，不再加一滴水，做出来的面皮原汁原味，带着艾草特有的青色和清香。

而且，这些青团的馅儿，也是以当地盛产的野菜马兰头为主角，比如马兰头鲜肉馅、马兰头豆腐干松子馅、咸菜肉馅、豆沙馅、紫苏馅等。“用马兰头作馅料，又有清火的功效！”

因为是粳米面皮包裹的，这青团果然不腻、不胀气，有的小伙伴一口气吃了好几种馅的，并情不自禁点评：“你们快尝尝，马兰头豆腐松子馅的最好吃！”但其他小伙伴并不同意：“豆沙馅的好吃！”“咸菜肉馅的好吃……”

“冷了更好吃，清香味更明显，我们小时候拿它当零食吃……”洪阿姨提醒道。

看着身上长着“三条杠”“三个角”的青团，笔者还是很困惑：为什么独独是这一个村的青团与众不同呢？

村里一位干部给出了答案。原来，这个村子名叫余姚村，虽然坐落在浦东书院镇，但100多年前的第一批村民，可是从浙江余姚沿着海边迁徙过来的。他们在海滩上开荒种田,一代代繁衍生息,才有了今天的余姚村。这在村志上也有所记载。

“我爷爷那一辈,还与浙江余姚的亲戚有走动,他们那时的口音,也与现在的年轻人不一样……”洪阿姨回忆说。

原来,是独特的历史与由来,造就了独特的民风和吃食。吃着这奇特的“青团”,我们仿佛看到了那些在海滩上辛苦劳作的余姚村先辈……

亭林雪瓜“复出”

黄勇娣　公维同

下午，在金山亭林镇的一个合作社里，几位农村阿婆正坐在小板凳上乘凉休憩，身旁摆放着好几筐刚从田里采摘上来的小白瓜。

“这些瓜不卖了，都是别人订好的，马上来取。”看到笔者走过来，阿婆们以为是买瓜客，立马摆手谢绝。

她们说，虽然这种小白瓜才刚上市没几天，但昨日一个上午，基地就已经卖掉了 300 多箱瓜，根本不够卖，且全部是客户上门来取货。

这就是传说中的亭林雪瓜，曾经的沪郊“四大名瓜”之一。

笔者仔细端详眼前的一只只小白瓜，只见其矮墩墩的个头，上窄，下宽，形似一只只“地雷”，瓜皮呈白色，瓜身分布 11 条青筋，将其分隔成一棱一棱的，煞是好看。“在没成熟时，瓜的外皮全部是淡绿色的，但随着瓜逐渐成熟，就慢慢自下往上转成了白色，雪白雪白的……”

看笔者兴趣浓厚，一位阿婆就热情地指着半筐歪瓜(长歪的瓜)，请记者挑一只瓜来品尝:“虽然长得不齐整，但吃口也是很好的……”正说着，合作社负责人周克俭来了，立刻取了几只好看的雪瓜，去洗好切了一盘过来。

切开的瓜，与普通甜瓜差别不大，但有一股浓浓的香气。“要是放一两只熟瓜在家里，整个房间都弥漫着瓜的香气。”咬一口，立刻感受到了亭林雪瓜的与众不同：接近瓜瓤的瓜肉是软糯的，十分甜，而接近瓜皮的瓜肉则格外脆，颇为爽口……一只瓜能吃出好几个层次的口感来。

香、糯、脆、甜，是亭林雪瓜的典型特点。脆到什么程度？据说，要是摆放时手脚重一些，瓜轻轻落地上就会裂开，而切瓜时，刀一碰到外皮，瓜就自行裂开了。

“这其实也是亭林雪瓜的缺点之一。”周克俭介绍说，除此之外，亭林雪瓜还有“不耐保存”的缺点，一般来说，头一天采摘下来，到第二天必须吃掉，否则，瓜很快就会烂掉了，到了高温天，成熟的瓜早上采摘下来，晚上就必须要吃掉。

正因这些缺点，这一乡土名品差点消亡。据介绍，早在100多年前，“亭林雪瓜”就已是金山区亭林、朱行一带的珍贵农家甜瓜品种，在当地农村有着“小白瓜”“地瓜”等俗称，也是上海“四大名瓜”之一。许多当地人还记得，小时候，农村人家多会在自家自留地或责任田里种点雪瓜，夏日里农活干累了，就地摘一只瓜来消暑解渴。

但近一二十年来，随着优质瓜果品种的层出不穷，原本就有抗病性差、不耐储运等缺陷的亭林雪瓜，逐渐淡出了人们的视野。只有少数的农村阿婆，还在宅前屋后种几株小白瓜，让儿孙们在夏日下乡时能吃到“儿时味道”“乡土味道”。对于这种乡土瓜，吃过的年轻人都赞不绝口，甚至引得一些市民特地寻到农村来。

几年前，金山亭林镇决定“抢救”亭林雪瓜。他们从农村老阿婆那里讨来种子，之后，请来了上海交大农学院的专家，对这一品种进行提纯复壮，重新栽培。2013年，“百年名瓜”重出江湖，一炮而红，引得许多市民游客前来参观、品尝。

今年，亭林雪瓜的种植面积已达到400多亩，但还是“一瓜难求”。

周先生介绍说，一箱装 6 只瓜，总重在 4.5—5 斤，售价 80 元，平均下来每斤超过了 16 元。这样的单价，在甜瓜中已属高价。但若是不提前预约，不到基地来取货，消费者还无法尝到亭林雪瓜。

由此，亭林雪瓜也成了当地农民的“致富瓜”。一般来说，一亩地能产瓜 1 500 公斤，其中礼品瓜的商品化率在 50%，平均下来亩产值可达 2 万元左右，最高的甚至可达到每亩 3 万元。因此，当地农民争相来合作社“讨”种子，希望重新学着种雪瓜。

“现在种植雪瓜，已经和当年大不一样。”亭林镇农技站负责人高瑞章告诉笔者，当年，农民露天种植亭林雪瓜，是不可能让人们在黄梅季前品尝到的，因为这种瓜怕水，要是在坐果期遇上雨天，很容易裂瓜，无法顺利长成熟瓜。而现在，合作社采用大棚种植，严格控制湿度，终于将瓜的成熟期由原来的 6 月底提早到 5 月底，但可以一直供应到 9 月底。

如今，农民若不好好学习，很难种出好吃好看的亭林雪瓜。原来，这种瓜除了怕水，还不喜肥，如果施肥太多，它就很难结果。而且，它对整藤有技术要求。

与西瓜不同，亭林雪瓜的果实并不是结在主藤上，而需要将主藤和子藤的头都掐去，直到子藤上长出孙藤，才开始结果实。一般来说，一根孙藤留一只瓜，一株共产出 6 只雪瓜。“我们镇里合作社种出的商品瓜，现在每只都超过了半斤，至少有六七两！”高瑞章自豪地说。

昔日的乡土品种基地，将被打造成农民创业的孵化基地。目前，合作社已启动亭林雪瓜种植培训计划，第一批就吸引了四五十户农民报名参加，等他们学成后，合作社将免费提供种子，并指导他们统一种植，进一步打响亭林雪瓜的品牌，也让更多市民能品尝到优质的亭林雪瓜。

“以前，我们还一度担心，要是亭林雪瓜集中上市，不耐储存的特点可能会带来销售压力。但没想到，现在雪瓜还没成熟，消费者就等在那里了，根本不用担心保鲜期的问题。”周克俭说，合作社也会通过市场调研，尽可能找到一个供需匹配的平衡点，适度控制种植规模，以避免出现“一哄而上”种雪瓜的现象。

农民抢着种的金山小皇冠西瓜

黄勇娣

这个周末，一年一度的金山西甜瓜节将开幕，会一直持续到6月30日。在此期间，市民在长宁、普陀、黄浦、浦东等区的多个门店，可以现场采购到产地直送的“金山小皇冠”西瓜、“珠丰”甜瓜、“多利升”西瓜、“亭林”雪瓜这“金山四大名瓜”。

“目前，正是品尝金山小皇冠西瓜的最好时候！”金山区农委副主任顾保根告诉笔者，今年全区小皇冠西瓜的种植面积在740亩左右，第一批上市日期在4月28日，比去年提早了足足三周。随着气温的逐步上升，近期成熟的小皇冠西瓜品质，已经达到了最佳状态，甜度、汁水、爽脆度、黑籽率都是“刚刚好”。

在现场，工作人员切瓜请大家品尝。刀刃刚刚碰到瓜皮，还没开始发力，西瓜就自行“炸”开了，“这证明这个瓜确实成熟了”。

只见，嫩黄色的瓜肉上，星星点点镶嵌着一粒粒黑籽，晶莹的汁水已经微微渗了出来。笔者品尝之后发现，相比红瓤的西瓜，小皇冠西瓜同样爽脆、汁多、甜度高，但其瓜肉更加嫩，据说这是因为纤维含量更少的缘故，而且，吃的时候还能品出一种清新的“鲜”味来。

小皇冠西瓜是金山区独家推广种植的。因瓜瓤是少见的嫩黄色，口感和风味十分独特，所以小皇冠上市后，很快受到广大市民追捧，金山农民更是争相申请种植小皇冠西瓜。

今年初，在小皇冠西瓜播种前期，农业部门开始发放西瓜种子时，不少农户因为拿不到种子而"闹得不可开交"，让农业部门"管"种子的负责人感到十分为难。最终，农业部门经过研究，将供种范围由去年的 30 多户种植户扩充到了 70 多户，让一部分新加入进来的农户也学着少量种植。

据介绍，小皇冠西瓜这一品种由上海市农科院专家精心培育而成，后由金山区农业部门花重金买下其品种使用权，于 2010 年创立"金山小皇冠"西瓜品牌，目前主要在金山地区推广种植。为了确保小皇冠的品质，金山农业部门采取统一供种、统一技术指导、统一品质监管、统一包装、统一品牌等举措，一旦有农户违规操作，就会被"踢"出供种体系，不让其继续种植小皇冠西瓜。

在刚开始推广的前两年，有个别农户偷偷使用坐果灵，结果被农业部门查到之后，就被开除出了种植队伍。最近几年来，当地再也没有查到这样的情况，农户都严格按照统一规程来操作。

优质优价的效应很快体现出来。目前，金山农民种植下小皇冠，每亩产值可达 2.5 万元，亩均净收入在 1.2 万元左右。"今年，小皇冠西瓜的总产量大约 14 万箱，根本不愁卖。前两天，张堰一家合作社就接到了个大单，浦东有家企业一口气订了 1 400 箱小皇冠西瓜，因为这是金山独有的西瓜品种，其他地方买不到！"顾保根自豪地说道。

唐妈的乡下菜卤蛋

黄勇娣

第一次见到菜卤蛋，是在沪郊金山一家农庄的餐桌上。上菜之前，人手一只菜卤蛋，一边剥着细碎的蛋壳，一边漫不经心地聊着天，自在而满足。

一只只圆滚滚的菜卤蛋，装在盘中时最为诱人，它们的个头比茶叶蛋要大，外壳颜色也是浸过汁液的青绿色，散发出幽幽的咸香味。剥好后，咬一口，有人情不自禁赞叹"嗯，好吃"，接着，便快速将一只菜卤蛋消灭了。

菜卤蛋，顾名思义，是用腌咸菜产生的菜卤烧出来的，与茶叶蛋有异曲同工之妙。不过，沪郊乡下的菜卤蛋，既可用鸭蛋作原料，也可以取鸡蛋来烧制，而笔者见到的还是鸭蛋居多。在吃法上，热的香气浓郁，令人胃口大开，而冷的冰凉入味，值得细细品尝。

据说，正宗的菜卤蛋，并不是一年四季都可吃到，只在春天腌菜心时，当地农家才会烧制。

烧制菜卤蛋，应是一项神奇的农家发明。将新鲜的雪菜或菜心，通过晾晒、上盐、揉搓、发酵、等待，最终压制出一瓶瓶色泽好看的咸菜，其实是将天地之间孕育的精华之气，转变成了一种独特的鲜美之味……它不仅藏身于咸菜里,更多潜入到了菜卤之中。

市郊农家烧制菜卤蛋,将原本要丢弃的菜卤变废为宝,在烧制的过程中,提炼出那精华之味,使之渗透、凝聚到菜卤蛋中,从而让我们品尝到了奇特的咸香美味。

后来,再到这家农庄,笔者点的第一道菜,就是菜卤蛋。可惜,服务员回说“卖完了”。于是,菜卤蛋就成了一份念想。

直到后来,在好友唐妈的微信文字里再次遇到了它:“雨天,午后,一边听着音乐,一边看书,炉上煮着一锅菜卤蛋,房间里飘散着香气……”我立马吞了一口口水,“搭讪”唐妈:“原来你会煮菜卤蛋啊?我最喜欢吃了……”

后来,幸福而“无耻”地,一次次吃到了唐妈亲手煮的菜卤蛋。有一回,提前一天告知唐妈,我又要去金山采访,第二天,唐妈匆匆赶来碰头,从车里拎出了打包好的几盒菜卤蛋,是她前一天晚上“紧急”烧出来的。

其间,我曾多次对唐妈提出,希望能写一写菜卤蛋,最好是亲眼看看乡下老人怎么烧菜卤蛋。春节前,终于如愿——

唐妈开着车,狂野地行驶在乡间道路上,而我兴奋地紧跟其后。在穿过一个个村庄、一块块农田之后,她把车停在了一处田埂边,带着我步行前往亭林镇新港村,村口的一栋农家小楼,便是她小阿姨(其婆婆的妹妹)家。

56 岁的小阿姨,是唐妈眼中的家族烹饪好手,烧制出来的菜卤蛋格外好吃。而唐妈的手艺,就是跟这些长辈学来的,自认为学得还不够好。

几天前,听说有记者要来,小阿姨十分为难,因为家中并无剩余菜卤,没有菜卤,也就无法烧制菜卤蛋。之后,唐妈几经打听,得知自己的婆婆唐奶奶家还有两瓶菜卤,一番沟通之后,唐奶奶同意“让”出一瓶菜卤给妹妹,剩余一瓶则要留着过年时烧菜卤蛋,给儿孙们作当家菜。

一进入小阿姨家的堂屋,笔者就闻到了一股浓郁的菜卤蛋香气。原来,小阿姨一早 7 点就去姐姐家取了菜卤,到家后,花了 3 个多小时,终于把一锅菜卤蛋煮好了。笔者到来前,她 7 岁的小孙女已经迫不及待地尝过了一只热乎乎的菜卤蛋。

进入厨房,揭开锅盖,一锅诱人的菜卤蛋呈现在眼前,香气扑鼻。认真请教菜卤蛋的做法,小阿姨说得轻描淡写,认为并没什么技巧。再三询问,记录如下——

首先,取 40 只散养的鸭蛋,洗干净,放大半锅清水,煮熟;

然后,将煮熟的鸭蛋一一敲碎,再倒入一瓶菜卤,放入八角、香叶,烧煮一小时,之后停火焖一小时;

之后,再烧煮,再停火焖,如此,再反复一次,直到菜卤快烧干了,菜卤蛋也就好吃了……

对于金山农家来说,春天是烧菜卤蛋的最好季节。因为,春天是腌制菜心的时候,新鲜菜卤拿来烧菜卤蛋,味道最好。当然,冬天腌雪菜之后,有的人家也会趁机烧一锅菜卤蛋,供小辈们解馋。如今,少数人家会保留着几瓶陈年菜卤,年中要是有小辈想吃菜卤蛋了,可以随时拿出来烧。

小阿姨说,其实,在自己小时候,吃菜卤蛋还是一件奢侈的事,因为那时家中鸡蛋、鸭蛋很稀少,根本不够拿来烧一锅菜卤蛋。后来,嫁到新港村,婆婆家养了许多鸡鸭,鸡蛋鸭蛋多了,才常能吃到菜卤蛋。

那时候,农家做菜卤蛋,还有个乡土烧法,那就是盛在罐子里,埋入土灶的灶膛柴火中,让烧饭之后的余火慢慢加热,如此小火煨出的菜卤蛋,别具风味。

烧制菜卤蛋,最好选用散养的鸭蛋或鸡蛋,才能烧出最好的味道。

小阿姨家门前有一条小河,她家在河边养了一群鸭子,所以,她家烧制菜卤蛋选用的都是自家产的鸭蛋。不过,这一次,因为家中积余的鸭蛋并不太多,所以,她便向邻居阿姨家“借”了一些鸭蛋,说是等自家鸭子生蛋后,再还给隔壁邻居。

采访结束,小阿姨不仅给笔者打包了两盒菜卤蛋,还热情地送了自家种的青菜、自家腌的咸菜等特产。

唐妈说,女儿唐妹现在南京念大学,“她有一种特别的乡愁,与菜卤蛋有关”。因此,唐妈每回去南京看她,总不忘带上唐奶奶亲手烧的菜卤蛋,而唐妹的来自全国各地的舍友们吃了也格外喜欢。

有点“仙”的姑娘，有点“壕”的吃货

黄勇娣

因为美食，认识了一位姑娘。但每次见面，因为对方“变幻”的妆容和造型，都没能一下子认出来，最终只记住了她的昵称“大大”，以及她那身上有点“仙”的气质。

这是一位瘦而美的姑娘，哪怕万圣节那天，化着夸张的妆、穿着奇怪的道具服，还是让人觉得像一位古灵精怪的飘逸仙子，而非魔或鬼。但就是这位姑娘，同时也是一位超级吃货，“吃”是她每天忙碌的主题。

几年前，因为实在爱“吃”，她终于辞去安稳体面的工作，自己开了一家美食小店，每日与吃货们“约会”，分享自己找到的、精心制作的美食。据说，在小店开始装修时，她还没想好到底做哪类美食。

但她却坚信，作为一位资深吃货，“自己爱吃的，客人们肯定也喜欢吃”。

最终，她选择了烟火味浓重的吃食——烧烤。不过，“仙”姑娘做的烧烤，俨然变成了健康的、有趣的、清新的。

据说，这家店有不少“铁粉”，最高纪录，是一位食客连续 30 多天每日来吃，低一点的纪录，还有连续 18 天的、连续一周多的。

第一次去这家店，是因为朋友圈的赞不绝口，据说它被戏称为“烧烤界的劳斯莱斯”。吃过之后，意犹未尽，笔者已经盘算着下次要带闺蜜们前来。再吃了两次，笔者下定决心，要找个时间好好听听老板娘的故事。

但奇妙的是，光顾了几次之后，记住了那小清新的店堂布置，二楼小院里的花花草草，那琳琅而精巧的上百个烧烤品种，那新鲜而恰到好处的烧烤味道，那些自制的别出心裁的甜点、饮料，却始终没记住她家店的名字。每次与朋友相约前去觅食，只好以“红柳枝烧烤”作为暗号。

因为，店里的羊肉烧烤，都是特地用新疆产的红柳枝串起来的，而不是竹签或钢签。每过一段时间，都有好几捆红柳枝直接从新疆发货过来，每天，都有员工坐在店里用刀一根根削红柳枝。这种红柳枝，本身带有特殊的香气，在当地被视为最适合烤羊肉的材料，而削去外皮后，不仅更加干净卫生，也能更好地与羊肉融合到一起，烤出更香的味道。

好吧，直接说她家店的名字——sea tasty，直译就是“海的味道”。姑娘说，自己从小到大，每年都要外出旅游好几次，基本都是沿着海边寻找美食，不管是城市、乡村，还是荒凉小岛，自己都能找到“惊艳”的美食。在店的选址上，她希望是“面朝大海、春暖花开”，最终，定在了金山石化城区的板桥西路上，虽然离海边有一点距离，但紧挨着一家街心小公园，也算是满意。

作为一位有追求的吃货，“大大”姑娘不仅找到了红柳枝，还兢兢业业寻找各类值得分享的食材。今年，她去贵州旅游一周，每天都出发去不同的地方，目的都是寻找美食，甚至深入到原始山洞里，与洞中居民就地煮鸡汤喝。在那里，她终于找到了自己爱吃的皂角米，并敲定了供应商，回来在店里开发出一道甜点，皂角米与桃胶、红枣、枸杞等煮成羹汤，满满的胶原蛋白，大受女孩们的喜爱。

也是这次贵州之行，她尝到了当地山里的菜籽油，“比以前吃过的菜籽油香多了”。回来后，她开发出的“饭盒三菌”，就是用贵州采购回来的菜籽油蒸烤出来的，菜籽油的香气和菌菇的鲜味融合在一起，那是原汁原味的生态美味，改变了烧烤的重油烟概念。

她采用的各类海鲜，都是自己实地品尝、调研后，采购回来的。哪里的生蚝最肥美，哪里的带子最新鲜，哪里有独家海鲜，她都用足迹和舌尖来考量。也因此，她家店里的许多海鲜品种，是其他地方所没有的。她经常端上一盘烤好的海鲜请相熟的食客品尝，然后让大家猜一猜到底是海里的什么“东东”。

如此的美味和惊喜，自然让大家欢喜。

当然，作为一位从吃货转型而来的创业者，经验不足的她也花了不少冤枉钱。一次，她去青岛“考察”，吃到了各类肥美海鲜，于是装了满满一车带回来，到上海的当晚，那些海鲜还是活的，可到了第二天，“全军覆没”。而她订购的生蚝，只要打开后不够肥美，她就弃用，即使有时已端上食客餐桌，也绝不收钱。

进入冬天，她还贴心为每桌客人准备了无烟的小保温炉，各类烧烤端上来之后，直接放在炉上的锡纸上，客人们可以悠然地边吃边聊，而不用担心一串串烧烤会冷掉。

她和许多食客成了朋友。说起这位“很萌”的老板娘，不少老食客由衷地表示“喜爱”。她爱吃盐焗花蛤，一次可以吃上百个，她的志同道合者便与其组成了“吃花蛤专业队”。她摔伤了腿在家休养，老食客们听说后，纷纷为她送来鱼汤、水果、鲜花……

就这么开一家小店，每日以“吃”会友，也许是一位吃货最大的幸福吧。

老华侨们寻觅的“浦东老八样”

黄勇娣

在浦东周浦镇上的年家浜路，有一家开了20年的老店——“别具一阁”老八样。顾名思义，这家饭店主打的是本地传统菜——浦东老八样，这是在周边地区流传了上百年的老式菜。

到底是哪八样？小时候到浦东吃过酒水的老上海，应该隐约记得：蒸三鲜、扣三丝、扣甜肉、扣蛋卷、咸肉扣水笋、桂花肉、肉皮汤、金针木耳鱼！当然，在不同地方，部分菜式略有差异。

十多年前，笔者第一次过来，一楼大堂热火朝天，一顿饭要翻四五次台面；如今，南汇地区这些年涌现的几十家老八样饭店，已经关闭了一半以上，但这家店的生意依然大好，70%以上的回头客来自市中心。每当想念了，他们就专门赶到周浦来，大快朵颐一番，再心满意足回去。

要是把老八样上齐了，几乎是一桌菜，总价也才300元不到。但因为每样菜的分量太足，人们往往一次只点老八样中的一两样，其余的留待下次来时再品尝。

这么多年来，饭店主人吴震一直很矛盾。饭店食客大多是中老年人，他们怀念的是小时候的味道，而年轻人则嫌菜的分量太大、油水太足。有人劝他,把老八样菜式改一改,做得更时尚、精致一点,价格也“高大上”一点,也许能吸引年轻一代。但考虑再三,他还是放弃了:“要是改变了,就没有以前的味道了!”

吴震是个怀旧的人。20年前,他特地去乡间找了许多老师傅,才把老式样一道道抢救回来。他追求的就是原汁原味的儿时乡间味道。在年家浜路上的店里,放的一律是八仙桌、红漆长凳,铺台面用的是印花土布,喝酒用的是大碗,让人仿佛回到了那个年代,在乡下亲戚家吃酒水一般。

虽然价格亲民,但吴震对食材和烹饪要求很高。比如走油肉,选用的是上好五花肉,先将其煮酥,再在油里氽过,如此,吃起来就不腻了。而爆鱼选用的是本地青鱼,将鱼活杀之后,再现场加工,很是新鲜。

对于咸肉扣水笋中的水笋,老板也颇为自得,再三提醒笔者要好好尝尝。将信将疑吃一口,果然鲜、嫩、肥、厚,没有一点水腥味,吃了还想再吃。原来,这是他专门去黄山采购来的,讲究时令、产地和笋的部位,批发价每斤高达40元,而上海市场的水笋只有10多元一斤。

而笔者十年前在他家吃过、至今念念不忘的肉皮汤,选用的是一种“花墙肉皮”,据说来自附近一个村子。那里有户人家祖传做肉皮,猪皮取自猪的后腿肉,吃起来肥厚,有嚼劲,带有肉皮本来的香气,而且不会被煮烂。

每道菜的食材都十分丰富。比如经典冷菜“什锦拼盘”,盘子里整齐地摆放了七八样食材,荤素搭配,外围每个侧面都是一样菜,白斩鸡、爆鱼、白切猪肚、油爆虾、猪肝,而内部也从上到下“堆放”了好几样食材,蛋丝、小排、肉松、泡菜、皮蛋、花生米等。以前,乡村酒席上,一道道热菜上桌前,人们会一边品尝什锦拼盘里的小菜,一边不紧不慢地聊着家常,别提多惬意了。

老八样还格外讲究造型和“颜值”。比如，第一道上来的“蒸三鲜”，就体现了这个特点。这道菜的每一样食材，比如走油肉、焖蛋，都讲究刀工，所以称之为“刀面”。摆盘之后，厨师还要将食材的边角料修掉，以确保整齐、好看。

而扣三丝，看起来只有碗中央那么一小撮，用筷子轻轻扒拉开来，肉丝、干丝、笋丝，一根根，清清爽爽，不断，不烂，是真正考验刀工的功夫菜。

小伙伴们一边吃，一边感叹：“怎么汤水也这么鲜？”“我们用的是高汤，不放味精的。你看这道蒸三鲜，做得好不好，关键看汤水清不清、鲜不鲜。”吴震说，烹饪老八样的高汤，是专门用老母鸡、筒骨、鳝骨吊出来的，每天要花好几个小时来熬制呢。

老八样一个“扣”字，还展现了旧时农家对圆满和体面的追求。而扣菜的“蒸”法，如今恰好也迎合了人们对健康饮食的需求。

眼下，已近年尾，而这家店的年夜饭早在半年前就被订满了，并且还分了上下两场：16:30—18:30 第一场，18:30 之后，又是第二场。

更让人惊讶的是，每年预订年夜饭的，还有不少是回国过年的老华侨，他们相约到这里来吃年夜饭，一边品尝记忆里的家乡味道，一边说说小时候的故事，想必格外有滋味吧。

巽龙庵里，那一碗准备了四小时的素面

四脚猫

几个月前，就有朋友热情推荐周浦镇上的“佛系美食”。近日，在老镇上几番兜兜转转、寻寻觅觅，终于来到了隐于一座河边老桥下的巽龙庵。

在闹中取静的禅院里，品尝食物的本真味道，与师父们对坐喝茶、聊天，真是一场难得的休憩和享受——

一大早，空着肚子驱车几十公里，就是为了先吃一碗禅院里的素面。于是，主持能戒师父将我们带到餐室，此时，面还没捞出，但后厨窗口已漫出浓郁的香气。

当天，是年轻的演融师父在厨房当值。她端上来的一碗面，乍一看毫无新意，窝在碗底的面量并不多，上面覆盖着一大勺香菇浇头。

夹了一片香菇入口，轻轻嚼几下，我立刻暗自赞叹：

鲜！香！好吃！

入口软糯的香菇，渗出纯粹的鲜美汤汁，没有任何其他作料的味道，只有香菇的香味，与在山林中刚把大树下带着露水的香菇撅起来放在鼻子上闻到的香味一模一样！

香菇片配着淡淡的面香，在口中慢慢咀嚼，清香沁人心脾，内心满足而平静。

演融师父说，他们做的素面，也没什么特别之处，只是格外认真、用心而已。先把香菇用水泡 2 小时，捞出控干后，用蓖麻油炸至金黄，再放入刚才泡香菇的水中，小火煮 3—4 小时，香气才能逐渐散发出来……

她解释说，之所以用泡香菇的水煮香菇，是为了最大程度地保留香菇原本的味道。而用蓖麻油炸一下，不仅可以去除香菇的湿气，同时也能锁住香菇的醇香。

演融师父靠在餐桌边，静静地看着我们品尝，不时把盛了腌雪菜、水煮花生的两个小碗往我们面前推一推。

我夹了一点雪菜放入口中，同样没有任何作料的味道，只是纯粹的雪菜的鲜味。水煮花生，除了食材的清香，还掺入了一丝丝的醋味，以及若有若无的辣味，甚是奇妙。

其实，一直以来，我并不喜欢香菇，因为它的香气太浓郁。香菇肉片、香菇菜心、香菇鸡汤等等，还有香菇肉馅儿的饺子，虽然很香，但稍微吃两口，就吃不下，很容易感到腻。

但巽龙庵的香菇丝素面，让香菇避开了这些容易让它变腻的食材，单单只激发出它本来的味道，也就成就了这道香菇素面。腌雪菜和水煮花生亦是如此。

世间真正的美味，不应该就是最大程度呈现出食材本身的味道吗？

这是一种心思巧妙的食材处理，还是佛家倡导的保持本真的自然体现？

饭后，在庵内闲走，大殿两侧各一棵高耸入云的银杏树，树叶翠绿，郁郁葱葱。

能戒法师得空，与我们闲谈。

原来，巽龙庵又称巽龙禅院，位于周浦镇东南方，清雍正年间建，占地 1.2 亩。清嘉庆年间，院中建造文昌阁，为文人交流聚会之地。巽龙庵一直没有田产，后在清同治元年(公元 1862 年)，里人杨大文、沈维城等劝募香积田(又称香火田)23 亩。寺内有碑文佐证。

从市中心沉香阁下来“挂职”的隆菲师父，在茶室里给我们泡了陈皮老白茶，并摆上了庵内师父自制的名气在外的水煮瓜子。

我由于身体容易上火，不能吃瓜子。但闲聊中，不知不觉吃了一小盘瓜子，竟然没有一点口干的感觉。

隆菲师父说，这水煮瓜子，是先用盐水煮熟后，再放到太阳底下，花好几天晾晒干，保留了瓜子的原味，却不会上火。

每年农历二月十九日、六月十九日、九月十九日，巽龙庵都会为香客提供素面、水煮瓜子等。比如香菇素面，曾创下过一天提供 200 多碗的纪录，可见受欢迎程度。

我们询问得知，隆菲师父 21 岁剃度出家，至今已有近 20 年。在俗人眼里，这近 20 年的修行，每天早上 4 点半起床做早课，晚上 9 点准时休息，应该很清苦寂寞。但隆菲师父微微笑答道：恰恰相反。

她说，美食与人生，道理一样。出家人吃素食，并不是敷衍了事的粗茶淡饭。在食物上，同样会精益求精。佛家倡导素食，本身就是对美食的返璞归真的味觉追求，而且这对平衡人体机能也是大有益处。

隆菲师父虽是出家人，但并不是与世隔绝。每天参禅打坐，看书念经，清修内心，过得很纯粹，也很充实。同时，她也学习电脑知识，用手机，玩微信，网购商品。她来了之后，精心布置了茶室，也会发朋友圈晒“成果”。下雪了，她还会堆一个搞笑的雪人儿玩……

“到了秋天，你们再过来坐坐，品尝我们自己做的白果，许多吃过的人都说特别好吃……那可是百年古银杏上结出的果子！”临别时，能戒师父又发出了邀请。

小镇上的“厨神”夫妻

黄勇娣

这些年，笔者常去“小上海”周浦镇采访，其中有好几次被带到了年家浜路上的“汇凤楼”吃饭。据说，这是在当地小有名气的老店，老板娘是一位国家级点心大师，这里的点心在当地居民中颇有好评。

此次特地前往采访周浦美食，笔者才发现，汇凤楼已经搬到了离镇区 3 公里之外的周祝公路上，拥有了整整两层楼，经营面积比以前翻了一番还不止，周末一天会有上千人前来用餐。

这一次，我们也发现，老板娘朱仁楠“有才”，而她的先生也毫不逊色。

67 岁的老板倪伟斌，18 岁就进了南汇县招待所，后来还一手创立了鼎鼎有名的南园酒家、南园宾馆，而朱仁楠当时正是他手下的一名点心师。

让我们惊讶的是，老倪当年还是一位文艺青年，曾拜师原南汇地区文化名人郚盛林，后来还共同出版了一本小说集《玉芳楼》。1997 年开业的“汇凤楼”，名字由来也与这本小说集有点关系。

在餐饮行业“钻研”近 50 年，这对夫妻携手经营的汇凤楼，给人最大的印象就是：每道菜里都蕴含了匠心，每道菜都能带来惊喜，即使本地居民也常吃不厌,但价格却还是最接地气的。

比如腰果酥,点菜量在点心中排名第一,这是朱大师 2004 年获得全国烹饪大赛金奖的作品,如今依然是每只 3 元的亲民价。所以,10 多年来,人们来这里吃饭,基本每桌必点腰果酥。

比如明炉片皮鸭,是汇凤楼的当家主打菜之一,当地居民来办酒席的必点菜,20 多年畅销不衰,目前一年仍可卖出 1 万多只鸭。在一般的饭店里,这道“硬菜”起码要卖 128 元,但在汇凤楼,一只鸭还是卖 68 元。

比如汇凤楼的三黄鸡,点菜量在冷菜中位居第一,也是 20 年热销菜品,有着独特的风味和口感,备受本地居民夸赞。老倪说,自家选用的三黄鸡,长期由奉贤一家基地直供,别处的鸡养到四五十天就可上市,但他们的鸡得养到 100 天以上才出栏。这道菜也是几十年一个价,每份 22 元。

来之前,我们指明要品尝几样招牌菜,但没想到,一道接一道,竟陆续呈上了近 20 道点心、冷菜、热菜……我们连忙喊“停”。但老倪憨厚笑道:“这些都是我们的当家菜啊,每道菜都有故事的……”

一道鹅肝冻,32 元。颜值高,入口即化,嫩滑鲜美。据说,先用鲜奶泡制,再在蒸箱里蒸熟,之后打成泥,再放入红酒烧煮,去腥,更嫩滑,还有一股奶香。用心吧?

一道熏鱼,29 元。虽说是常见的上海本地菜,但老食客们都说与众不同,格外好吃,“色泽刚刚好,不是红得发黑,也不是淡黄色,吃起来外面一层是脆的,里面则是松软的,不会太嫩,也不会太老,同样是恰到好处,而且,甜而不腻,香气诱人……”听到这里,笔者赶紧夹起一块来品尝。

一道澳洲猪排,48 元。没错,不是牛排,而是猪排。这道煎猪排完全是另一种口感,虽没有牛排的嚼劲,但更加脆嫩,香气也更浓。

一道弄堂肠肝扎肉,42 元,主打上海人“小时候的味道”。以前,弄堂里的阿妈为了改善孩子们的伙食,但又买不起好肉,就会买些碎肉,与豆腐干包在一起,用稻草扎起来,结果烧出了特别解馋的红烧扎肉……而今,厨师对这道菜进行了改良,稻草改成了鸭肠干,更加别致了。

一道糟钵斗,58 元,据说是嘉定农村妇女发明的一道传统名菜。这是把猪肺、猪心、猪肠、猪肝等放在一起炖煮,加入了糟卤,看似下脚料,但没有一点肉腥味,汤汁鲜美浓厚,让人喝了一碗还想再喝一碗,没有丝毫的油腻感。

类似的匠心菜,还有许多,无法一一细说了。

对了,还有道酸汤蛏子也值得一说。这是店里的总厨陈小贵自创的特色菜,他选用上好的蛏子,提前暂养一天以上,让蛏子把泥土气完全吐出,再用特制的酸汤烹制,蛏子嫩爽,汤汁鲜美开胃。据说,为了配制出这独特口感的酸汤,陈小贵进行了若干次试验,先后试验了萝卜、白菜等食材,最后终于找到了笋衣做底汤,总算烹饪出了令人满意的酸汤味道……

陈小贵的这股钻研劲儿,也让我们看到,老倪夫妻俩的那份匠心已经被成功继承了下来。

小吃店烧出“家”的味道

四脚猫

前几日,笔者一行来到了浦东惠南镇南园路上的“爱吃排骨”店。

这家店,不管是名字,还是外貌,看起来都十分平常。但对于这家店,笔者已经不止一次听人提起,说是浦东惠南地区的吃货大多知道,很多人吃过后念念不忘,之后一来再来。

这一次,笔者在浦东地区的美食线人陶姑娘又出现了,居然也推荐了这家本帮家常菜馆,说是自己和闺蜜吃着他家美食长大的,如今更成了小圈子隔三差五聚餐的据点。最推荐的,就是他家的蒜香排骨和小海鲜。

出发之前,笔者去看了大众点评,发现不少人点赞“招牌菜”蒜香骨,同时还有人感叹:“又没吃到!”

原来,这家店的蒜香排骨,每天定量供应 200 份,但周末总是不够卖。

这么一道家常菜,凭什么如此受欢迎?

菜未来,香已到。服务员刚把包房的门打开,吃货们还没看到排骨,就闻到了一股浓郁的蒜香。定睛一看,一盘排骨已上桌,一根根排骨堆得像小山,细数之后,足足有 12 根,且每根都有七八厘米长。

笔者双手“捧”起一根烤得金黄的排骨，轻轻一咬一撕，外酥里嫩的肉就入口了。那香气，那口感，那滋味，让笔者顿时胃口大开。

一整根排骨，层次很丰富，外面的肉焦脆干香，贴着骨头的肉软糯嫩滑，咬开来，肉香四溢，很是过瘾，满满都是小时候家的味道。

忍不住呷了一小口酒，顿时感觉：人生如此，夫复何求？

这一根排骨分量很足，大约有三两左右，但售价已12年未变，一直是7元一根。

一位号称正在减肥的女同学，吃完一根之后，犹豫再三，还是捧起了第二根蒜香排骨。

这里的排骨食材，都是由老板亲自选购、把关。他精选新鲜的猪肋骨，经过四小时秘制，让香料汁浸泡入味，之后先炸熟，再与葱姜蒜一起煸炒，获得脆嫩、鲜香的口感。

如今，许多饭店为招徕客人，常常追求标新立异。而这家小店却始终未变，坚持食材新鲜，坚持传统做法，坚持分量足、价格实惠，硬是为食客们留住了记忆里的浓浓家常味道。

除了蒜香排骨，他家的糖醋排骨、大蒜炒鱼籽、农家小炒肉、红烧黄鳝、农家老三鲜等，以及各类小海鲜，也是食客们特别爱吃的。

陶姑娘是货真价实的“吃货一枚”。说起这家饭店，她分享了许多故事。比如，她去了国外，经常思念的家乡味道里，就有这家小店的饭菜。

前不久的一天，她和闺蜜们中午刚在这家店大快朵颐，晚上又参加了另一拨朋友的饭局，没想到，地点同样是定在这家店。你说，是参加呢，还是不参加呢？

说这是一家小店，其实已经不太恰当。12年前，这里还只有一间小门面，但现在，老板顾忠已经拿下了上下两层楼面，经营面积达到了1 000多平方米，除了大厅，还有25个包房，可同时容纳350人就餐。

一根“厚道”的排骨,背后其实有一位厚道的老板。顾忠在2006年创立“爱吃排骨”,如今店越做越大,他却始终老老实实、客客气气做人,他家的排骨味道和价格也始终不变。每根蒜香排骨剁掉的那一小截,不可能做成蒜香排骨,就被他做成了好吃的糖醋排骨,满满一小盘只要10元。这价格上哪儿买这么好吃的排骨?周围居民每天来排队抢购。

12年过去了,顾忠虽已不再亲自掌厨,但仍每天亲自购买食材,亲自把控排骨的品质和味道。闲暇时,他会花更多时间在家掌勺,让女儿吃到爸爸亲手烧的家常美味。

张泽烂糊羊肉，最好吃是一块“腰糊”

黄勇娣　贾　佳

“你们知道，张泽烂糊羊肉的做法中，羊的哪个部位最好吃吗？”在上海松江张泽羊肉节开幕式上，面对当地居民和远道而来的市民游客，张泽羊肉制作技艺第六代传人林卫英大声问道。

“羊脚！”“羊腰！”“羊眼！”“羊肝……”大家的回答五花八门。最后，一位当地居民的回答，得到了林卫英的认可——“腰糊”。

腰糊，到底是什么东西？

在林卫英的指点下，这位当地居民在自己的腰腹部，比划了羊“腰糊”的大概位置：原来，在羊腰处，紧贴肋骨以下的部分，被称为腰糊，这是整只羊中最嫩、口感最好的“精华”部位，也最适合做烂糊羊肉。

在松江浦南地区，叶榭张泽的当地人烹饪烂糊羊肉，多选用一年生的童子山羊，以求口感鲜嫩。一般来说，一只童子山羊毛重 80 斤，宰杀、炖煮后，只剩下了 40 斤可作食材，而适合做烂糊羊肉的部分，仅 4 斤。

白切羊肉、白切羊肝、红烧羊肉、汤羊肉……当天，在林卫英的张泽羊肉庄里，“全羊宴”吸引了三四百名食客前来大快朵颐。记者惦记的一盘烂糊羊肉，估计食材紧缺，姗姗来迟。但一端上来，一股浓香就扑鼻而来，被煮烂的羊皮微卷，已是半透明状，瘦肉部分则可见长长的纤维，皮肉相间，精肥比例恰到好处。

小心翼翼夹一块入口，立刻吃出不一样：伴随诱人的香气，是松软嫩滑的口感，无需用力嚼，就满口生香，可以说是"入口即化"！

只一小会儿，一盘烂糊羊肉就被消灭光了，果然受欢迎。

用木桶蒸炖羊肉，是张泽地区的技艺特色，也是羊肉鲜香的重要秘诀。"不少人来店，都会看一看这木桶。"木桶是自制的，林卫英说，"一定要是土灶大锅，木桶与铁锅相连，固定在农家灶上，桶有半米高，一次可装得下两只整羊。"

放入羊，将水加到半桶高，便在灶后以木柴旺火烧煮，大铁锅内沸腾后，转文火再煮 2 至 3 小时，肉香被木质柔和，去膻，鲜香在蒸汽中升腾，最后又化入汤内，如此，羊肉也更加酥嫩、入味。

一边吃，一边听张泽羊肉的故事。据说，今年上半年，有着 700 多年历史传承的张泽羊肉技艺，成功入选松江区第六批非物质文化遗产名录。被推为其第一代传人的，竟是元代松江府首任达鲁花赤(掌印者)沙全。

据松江历史文化研究会副会长尹军介绍，松江作为行政区划始于元初，蒙古人沙全领兵南下至松江，一路严禁士卒杀掠，是一位给当地带来福泽的好官，也是元代任职时间最长的一位达鲁花赤。当时，一批批军政官员由北南迁，定居松江，将吃羊肉的习俗带到了这里。羊清炖羊肉，汤是老的好，但食材却是长一颗牙的一岁童子羊肉最为鲜嫩可口。于是，沙全决定选址今叶榭张泽地区大规模养殖山羊。

沙全从小过的是苦日子，初入军中时学过厨艺，擅长羊肉烹饪记忆。有一次，他去张泽地区视察养羊情况，吃到了当地人炖的羊杂汤，感觉是少有的质朴鲜味，于是萌生了邀请当地汉民参加庖厨大赛的想法。初赛后，乡民张石脱颖而出。

相传，蒙、汉两家庖厨大赛的地点，就设在府衙后花园，亦即今松江二中大操场，沙全亲自担任主评。结果，蒙、汉两家比成平手，蒙古族厨师炖出的高汤味浓鲜肥，本地乡民张石调制的高汤清淡爽口。沙全要的就是这个结果。他把南北风味有别的高汤调和在一起，叫大家品尝，全场啧啧称赞，一致叫好。如此，张泽羊肉就兼具了南北风味。张石对沙全十分佩服，沙全也有意留下张石。这便是张泽羊肉技艺列第二代传人为一位官厨的故事由来。

据传，张石的名字传到后来，就成了张泽（谐音）地名。还有一种说法，当地老艺人编了个农民书演唱《张宅出张石》，得一当地歇后语"窗格里看戏——张泽"（谐音"张着"）。

"三伏天，吃羊肉。"眼下，在叶榭张泽老镇的竹亭路一条街，十余家张泽羊肉店已经热闹起来。其中，藏在农田深幽处的老店张泽羊肉庄，以农家乐为主，可容 300 人同时就餐。

而张泽菜场南边的"新明木桶羊肉"，虽然店面很小，但备受本地居民欢迎。每天凌晨三四点，店里就坐了日日来吃"羊肉烧酒"的远近老吃客。据这些老人说，他们坚持每天清晨吃"羊肉烧酒"已有十几年、几十年，早上热气腾腾地吃完，出门一身清爽，精神抖擞，一天干活都有劲，一年到头也不生什么病，到了七八十岁，身体还十分硬朗。

"如今，把羊肉这种冬令补品，放在三伏天来吃，也是很有讲究的。"林卫英说，现在的人们容易贪凉，长久吹空调容易造成全身肌肉关节疼痛，还会导致消化道功能紊乱，这个时候，适当吃点暖性的羊肉，有利于发散滞留体内的寒气，疏通筋脉，"如果整晚吹空调，早上起来觉得头痛，吃点热乎乎的羊肉说不定就缓解了"。

杭州湾畔的一道时令渔家菜

黄勇娣

“我们这儿有道渔家菜,一年只有一个月能吃到,你肯定没吃过!”

在上海“最后活着的渔村”——金山嘴渔村,当地人不止一次提到这道神秘的渔家菜。据说,以前,只有本地人懂得点这道时令美味,而今,越来越多的上海市区游客慕名过来品尝。

这就是韭菜炒新鲜海蜇。

这道菜的重点是后者:新鲜海蜇。许多人吃过海蜇,但那是腌制过的海蜇,而不是刚捕捞上来的新鲜海蜇,二者吃口和选材完全不一样。

在金山城市沙滩附近的老沪杭公路上,分布着40多家海鲜饭店。眼下,你走进一家店,如果点到“韭菜炒新鲜海蜇”,店家就会心领神会地笑了,立刻明白这是懂行的吃货。

韭菜炒新鲜海蜇,从6月中旬开始能吃到,到7月底就基本点不到了,供应期最长一个半月。

在这条公路上历史最悠久的天桥饭店,记者如愿吃到了这道韭菜炒新鲜海蜇。端上来,看到的是一盘褐色的银耳状菜肴,其中隐约可见绿色的韭菜。陪同的当地吃货立刻说:“今天的韭菜少了点!”

夹一筷子入口，立刻吃出了与腌制海蜇的不同：鲜美、娇嫩、柔滑！而韭菜也是同样柔软的口感，同时吸收了海蜇的鲜味和海鲜酱的香味，一下子激活了沉睡的味蕾。

“腌制海蜇，是另一种爽脆的口感，人们吃的是腌制海货的风味。”天桥饭店第二代老板项伟辉告诉记者，炒韭菜用的新鲜海蜇与腌制海蜇的选材并不一样，前者都是个头更小的嫩海蜇，刚捕捞上来时只有盘子或饭碗那么大，因为太小太嫩，根本无法做成腌制海蜇，而腌制海蜇用的是脚盆大小的大海蜇，也不适合用来炒韭菜，口感会更老更硬一点。

看起来小小一盘，但原材料需要三四斤新鲜海蜇。海蜇一出水，就开始失水。据说，渔船靠岸时的 100 斤海蜇，到了饭店里就只有 80 斤了，店家赶紧焯水，出锅后就只剩下 10 来斤了。

新鲜海蜇，十分讲究时效。如果放时间久了，最后就会只剩下一摊水，而且很快会发臭。所以，一般来说，渔民早上 6 点出海，9 点多回来，人们中午就可以在饭店里吃到最新鲜的海蜇了。即使立刻焯水、放冰箱的嫩海蜇，也必须在两天内吃完。

询问这道菜的烹饪细节，厨师出身的项伟辉说“十分麻烦”。因为，鲜嫩海蜇就是一泡水，所以，时间把握很难，短了，不熟，不入味，长了，就煮“没”了。

因此，大火起锅后，韭菜、海鲜酱等一起下锅，只需炒两下，就倒入新鲜海蜇，仅仅炒一下，就迅速出锅了。如此，才能保证鲜嫩、饱满的身形和口感。

而新鲜海蜇汤，则是项伟辉和当地渔民喜爱的另一种烧法。这个汤中，无需放其他佐料，只要在水烧开后，放入鲜嫩海蜇，撒一点小葱和盐，就立刻出锅了。而项伟辉还喜爱在汤中撒入切碎的韭菜末，喝起来更能提鲜，也更有滋味。

“实际上，过去，渔民捕捞到的海货十分丰富，而嫩海蜇是没法用来做腌制海蜇的，人们常常将其扔掉。”项伟辉说，后来，有渔民尝试着用来炒韭菜或烧汤，没想到格外鲜美，于是这种最简朴的吃法，成了当地最经典的渔家菜之一。

今年，新鲜捕捞的海蜇奇货可居，即使天桥饭店一天也只能拿到五六十斤的嫩海鲜，这样，店里一天最多只能供应15份左右的韭菜炒新鲜海蜇。

他原想隐居乡野，如今却每天被老饕打扰

万斌斌

上海嘉定，华亭镇。一条霜竹路边，既有种植各种特色瓜果的生态农庄，也有隐藏在路边村落里的个体农家乐。

平时，霜竹路的深处是僻静的，偶尔会有几个闲人在黄姑塘边野钓。旁边，那座闻名沪上的毛桥村，也是很静的，静得安详，静得有趣，可以听到鸟鸣声此呼彼应，闲逛的小狗小猫，倒好像是村子的主人。

从毛桥工坊的牌楼下入村，右侧岔路竖了一个指示牌，上面以行书写着：绿盈阁。循着菜园旁围着的竹篱前行，大约五十步的距离，便会看到一个农家小院，正面是三上三下的楼房，旁边是小木屋做成的茶室，透过玻璃门可以看到一幅匾文：此处能静坐，何必到山林。

这个委实有意思！你会马上放弃去周边再找农家乐的念头，不管怎样，这份意思会让你情不自禁想要探究此处：有些禅意，不知道其他如何？

老板名叫刘一。他说，自己是经朋友介绍寻到霜竹路的，看到此处竹篱茆舍，桃李美池，一下子就爱上了毛桥村。发现这栋民宅，三面环水，竹林荫后，和老家的情景相似，便托人租了下来，经过一番装修打理，又央人取了店名，便欢欢喜喜开张了。

听他讲，起初的本意，无非是寻一个朋友聚会的隐世场所，有则开门揖客，无则闭户雅集。不曾想，开了门便由不得自己，所有的精力都投在里面，劳心劳力以美食引客，与当初的想法大相径庭。

“买花载酒长安市，又争似家山见桃李？”来后，便有家乡最好的感觉。

毛桥最美的景色在春季，准确地说在清明时节，整个村庄都隐没在桃李的红白之间，神游其中，令人不饮自醉。这时候，有想变成个农夫的冲动，白天头戴斗笠，手扶犁耙，立在田间水岸；月夜偶尔喝醉，登上宅楼临风，若还能作诗，此刻自然和气质融合，便成了一个隐者。

此时，毛桥也迎来了最好的美食季节。红烧肉、巴鱼豆腐、盐肉菜饭、草头饼、荠菜馄饨……都是应时应景的农家美食。不过，在我看来，最好的当属绿盈阁的竹林鸡，烹煮方法和美味绝无仅有，实在不负屋后的一片翠竹。

听老板说，竹林鸡的烧法，是自己外出游玩时的偶得，好像是莫干山周边的农家做法，尝了之后便觉鲜美，就厚颜央求做法，回来依样烹制，多次调配尝试，直到其味相差无几，便隆重推出，此后便成了绿盈阁的招牌。

他介绍道，鸡是散养在屋后竹林里的，取初下蛋的母鸡，宰杀后洗净，放入土砂锅内，放入黄酒、食盐等配料，埋在黄沙内，用柴火煨四个小时左右就行。

端上餐桌，打开锅盖，一股浓浓的香味扑鼻而来，汤汁黏稠，呈金黄色，鸡身完整却酥烂无骨，所有的热量都凝固在汤里。

你会发现，看似一整只鸡，但三筷两筷后，鸡肉已了无踪影，美味全在一锅好汤里。

“小姑娘，锅里放两把菜苋，再下点面条端上来。”“好格！”服务员会熟练地端到后厨，把锅内的鸡壳挑干净，剩下的浓汤，加入一些菜苋和煮好的面条，稍微加热便可食用。

这种面不像汤面利利爽爽，也不像烂糊面软碎如糜……反正是我吃过的最鲜、最好的面，很容易陷入一种欲罢不能的半失控状态，很难主动停下来。

吃罢，老板会沏上一壶普洱，放在屋外的茶几上，客人们便一起离席，来到院子里啜饮、闲聊，慢慢消食去腻，享受午后的惬意。小院外，偶尔会有过路的村民探视，彼此间熟悉地招呼。呵呵，很理解他们，最惬意的日子。

村子里，处处可见池边竹园，百年老屋的木雕窗，再加上从垂柳间透过的天光，春日的气息更加熏暖。还有什么地方，比毛桥村更像童年的外婆家?

骑车两小时，只为吃半只鸡

黄勇娣

作为上海庄行镇一位普通农民，1978年出生的曹强，如今应该已算小有成就了。

曾经，他养过鸡、打过工、种过梨，结果，没赚多少钱不说，每每还摊上各种烦恼。比如，承包了40亩梨园，每到梨子成熟季，全家人总要四处托关系、找销路，才不至于让梨果烂在田里。

但现在，在奉贤庄行镇潘垫村，他经营一座小有名气的"世外梨源"农庄，每到菜花开、梨子熟的季节，农庄里吃客人满为患，许多人只好坐在露天里吃饭。就这样，不仅自家的40亩梨再也不愁销，他还帮助周边农民卖出不少梨。

更让人吃惊的是，他家一年卖出的鸡竟有1万多只，而且每只售价150元，比周边其他农户开出的80元、100元售价高出一大截。但食客们就是买他的账。来吃饭或买鸡的，80%以上是老客户。

一位松江企业主，家里办喜酒，专门派人来农庄买了上百只鸡，就是为了让亲朋也尝到自己吃过的"最好吃的鸡"。

还有一位台湾老食客，工作在闵行区，但总喜欢在周末骑车两个小时，辛辛苦苦赶到农庄来，然后一个人坐在那儿品尝半只鸡，旁边最多配两样蔬菜,吃完后还不忘将剩余的鸡打包,再慢慢骑车回闵行。

今年,曹强在浙江长兴包了两座山头,林下鸡的养殖规模可达2万只。同时,崇明陈家镇还向他伸出了橄榄枝,拿出三四百亩的土地,邀请他前去打造一座生态循环的样板农庄。此外,他还在湖北恩施租下了200亩的山地,种植富硒茶叶等,闲来请三五好友品茶、聊天。

从找不到出路的落魄农民,到现在一年营收数百万元,而且,自己养的鸡、经营的农庄还受到各方夸赞——曹强总算成了一位"成功农民",也迎来了周边农民"羡慕嫉妒"的眼光。

赚了钱想干嘛?对这个问题,曹强毫不犹豫:不想投资其他的,还是好好当农民,养好"一只鸡"。

经过笔者的认真观察,这位个头不高、皮肤黑黑的年轻农民,还真是与众不同——他不热衷于吃喝玩乐,也不擅长外出交际,最喜爱的还是埋头钻研种植、养殖,但一听说市郊哪里出了好的农产品,就会偷偷前去实地考察,当然,结果常常是失望和鄙夷:"并没有说的那么好!"

他养鸡,像是在搞实验。曾经,他去收购冬虫夏草的边角料,喂出的是风味独特的"虫草鸡";后来,这种边角料太贵了,他就自己在林地下养蚯蚓,用蚯蚓、玉米、青草等来喂鸡,而蚯蚓粪又成了最好的梨园肥;别人养鸡,两三个月就上市了,但他家的鸡必须要养到10个月,且每一批上市前,他总会先烧一只来品尝,自己满意了,才同意杀鸡给食客吃。

他"得意洋洋"地带笔者参观他的梨园农庄。梨树上,小小梨果已经探出头来,梨树下,各种蔬菜长得绿油油的,与各种杂草共生在一起。梨园深处的鸡棚里,一只只林下鸡显得健壮肥硕,地上散落着一只只刚下的鸡蛋,而工人正在粉碎刚割下的青草,拌在米糠里用来喂鸡。让人奇怪的是,上千只鸡养在一起,竟然闻不到什么异味。这点滴的细节,同样展现了曹强在养殖上的智慧。

他现在专心研究的,是一条生态循环链:鸡养在梨树下,可以吃青草、虫子,还可以自由散步;林地下的鸡粪,堆到一起发酵杀菌,之后用来养蚯蚓;养好的蚯蚓用来喂鸡,鸡长得好,口感也特别好;而蚯蚓粪是梨树最好的有机肥,这样种出的梨果风味也更好……有时候,单围绕养蚯蚓的鸡粪发酵环节,他就要做无数次试验,过程中遭遇一次次失败。

他的妻子、老父母、岳父母等家人,则每天在农庄里采摘蔬菜、捕鱼杀鸡、烧饭待客,一家人忙得有条不紊,不慌不忙。看见笔者来了,曹强在墙边掐了几株薄荷茎叶,泡了一壶薄荷茶,大家坐在池塘边的长廊里,就这么有一搭、没一搭地聊着,清风一阵阵吹来,甚是惬意。

"最近,我开了世外梨源的淘宝店,准备把最先卖出的100只鸡的钱捐给山区孩子……"他不经意的一句话,引起了笔者的注意。原来,两年前开始,他每卖出一只鸡就会捐出3元钱,用来资助贵州山区的孩子读书。迄今为止,他和朋友们组建的梨源基金,已经资助了30多位孩子,其中他个人结对8位孩子……

有爱好、有专长,有专注、有坚持,有梦想、有情怀——就这么工作生活,当一个自由自在的农民,还真是令人向往。

浦东乡土菜里的“惊喜”

四脚猫

浦东惠南镇上，一座三层农家饭馆，距离迪士尼10公里远。看起来，其貌不扬，价格也着实亲民。

一道道乡土菜肴，似曾相识，但吃出了“惊喜”。最后，恍然大悟：年轻的本地老板唐建军，竟是一位中国烹饪大师。

今天，取两道菜肴，展现其风格：家烧清水鱼、中式汉堡。前者，既有对食材的苛求，也有对本地传统烧法的坚持。而后者，则是乡土美食与西方吃法的惊艳组合。

家烧清水鱼：售价58元。

食材：清水鱼、嫩豆腐、白咸菜。蛋白质与钙结合，鲜嫩爽滑，又饱含营养。

清水鱼，每条1.2斤到1.5斤，来自浙江开化最优质水源地。这种鱼对水质要求极高，如果不是清水，很难养活。鱼肉嫩滑，入口即化，没有土腥气。

老板唐建军介绍说，一道菜的风味，首先来自用了什么油。所谓家烧，一是体现在煎鱼时用了菜籽油和猪油，二是在炖煮中加入土酱和白咸菜提鲜。而嫩豆腐的加入，则充分利用了鲜香的金色汤汁，既好吃下饭又不浪费。

中式汉堡：每只 8 元。

食材：咸肉、刀切白馒头、生菜。

切开的白馒头中间，夹着一块粉白相间的咸肉，再放一些生菜在中间，还真有一种吃汉堡的感觉。咬一口，肉是咸香的，馒头是清淡的，生菜是脆甜的，馒头是软糯的……咸淡搭配，荤素结合，层次分明，口感丰富，吃起来好满足。

唐建军说，南汇地区地处东海边，过去交通不便，是典型的“口袋”区域。反映在饮食中，一个鲜明特点是保守。既要照顾食客对传统的眷恋，又要不断推陈出新——如何把握这个度，成了厨师最大的难题。

这是一道创新菜，体现了中西结合、菜点结合、新旧结合。

这道菜的主角是咸肉。过去的南汇地区乡下，也有杀年猪的习俗，吃不掉的鲜猪肉，会腌起来。选五花肉，红白相间，足有五层。腌制好之后，肥肉白嫩，瘦肉粉红。

咸肉洗净切成与刀切馒头大小的形状，上笼蒸一小时后，肉质酥烂，香气四溢，颜色颇为好看。夹在白馒头中间，粉白之色若隐若现，煞是诱人。

更值得细细品味的，还有老板唐建军的故事。

他是惠南镇陆路村人，16 岁入厨师行，至今已 30 年。从学徒做起，再到一级烹饪师，2013 年获得上海名厨，2014 年成为中国烹饪大师。虽然才 40 多岁，但业界荣誉已拿到手软。

外表憨厚的唐建军，其实有一股倔强的劲和对美食不懈的追求。

其外祖父为惠南镇农村乡厨，其父得其传。

建军 8 岁时，会擀面，做汤圆、塌饼。

11 岁时，青椒炒蛋在家里独领风骚。

初二时，更将一本普通的菜谱《学烧家常菜》奉为秘籍，上课“钻研”被老师发现，厨师梦成为笑柄。

初中毕业后，进入原南汇县响当当的南苑酒家当学徒。其间，还曾只身一人乘车半天到上海市区求学烹饪，在校门外苦等 2 小时，最终，因是农村户口，未能如愿。

三十年间，唐建军沉迷于美食，沉醉于美食，一日日自学成才，终成饮食界名师。

“下次再来，还可以品尝南汇的马兰干烧肉、肉皮砂煲、腊肉野鸭汤、芸豆炖猪手……”临走，唐建军意犹未尽地说道，希望把最地道的家乡菜，做成自己一生中最牛的作品。

难怪，《食神》中最极致的那道菜是“黯然销魂饭”……

毕竟，用最简单的食材，烹制最动人的美食，才能称得上大师手笔。

“走后门”也难买到的珠丰甜瓜

黄勇娣

最近,听说沪郊朱泾镇的珠丰甜瓜熟了,笔者不禁心里嘀咕:不知今年又会紧俏到什么程度?

还记得,去年到合作社采访时,“瓜司令”姚爱军根本无暇交流,一个电话接一个电话,基本都是要来买瓜的老客户,而他一个劲儿地在电话里回绝、道歉:“今天的瓜卖完了!真的没了,过几天吧……”

要知道,在金山周边地区,如果能在五一前买到珠丰甜瓜,或是送亲朋好友一盒珠丰甜瓜,那是格外“有面子的事”。因此,从4月初开始,老客户们就开始不断地给老姚打电话,催问甜瓜到底熟了没有。

“现在,甜瓜还没大量上市,每天只采摘一两百箱上市,预订的人已经排到了7天后……”几天前,笔者又见到了老姚,他依然心不在焉,依然忙着“得罪人”的事情——每日回绝100多个老客户电话。

其实,上海人对甜瓜并不陌生,朱泾镇产的珠丰甜瓜能好吃“上天”?

笔者有位同事,多年前品尝过珠丰甜瓜,后来就念念不忘,有次路过朱泾镇,看到瓜农在路边摆摊销售“珠丰甜瓜”,立刻欣喜上前,以高价买了一堆瓜,结果,回家品尝后大失所望,根本不是珠丰甜瓜的风味。

因此，这位同事再三叮嘱笔者，千万不要相信路边的“珠丰甜瓜”，肯定是假冒的，还是要去合作社现场买瓜。

对此，老姚也表示同意。他接受采访，第一道程序就是切瓜。他并不多言，捧过来一只白皮甜瓜，用水果刀小心切开，去除瓜瓤、瓜籽，再切成一个个好看的长条状，便催着大家赶紧品尝起来。

其实，笔者并不喜欢吃甜瓜，总嫌太甜、太腻。但对于珠丰甜瓜，印象却不大一样，并无甜腻的感觉，相反，吃起来鲜甜、多汁、软糯，口感十分清爽。小伙伴们也不客气，纷纷捧起一块甜瓜吃起来，边吃边赞。

“要是在家里多放几天，这瓜就更熟、更软糯了，切开后一股清香，特别适合牙口不好的老人，可以用勺子舀来吃，入口即化！”看大家吃得开心，老姚不失时机地补充说明。

他还给吃货们传授门道：天再热一点时，可以在早上把一只甜瓜放入冰箱，到了晚上下班回家，切瓜品尝，那时的口感是最好的，冰凉、鲜甜、清香，既解馋又解渴。

上海市民的味觉确实敏锐，总能清楚地分出高下优劣。这些年来，珠丰甜瓜已连续4次在全市甜瓜评比中获得金奖，并被许多业内人士称为“上海本地最好的甜瓜”，为了稳妥起见，记者还是要在后面加上“之一”两个字。

都说姚爱军种瓜，把瓜当孩子来“照顾”。这话一点也不夸张，采访的当天，他给我们分享起了他的育“瓜”经。

“为什么珠丰甜瓜特别好吃？”我们的问题刚抛出，原本还有些腼腆的姚爱军就显得自信满满，话也变得滔滔不绝起来。“要让瓜好吃，三分靠种子好，七分在管理。”姚爱军的话不无道理，看看人家是怎么“养”瓜的。

珠丰合作社种的甜瓜，选用的是“蜜天下”品种，这个品种别处很少有人种，但消费者吃下来都说好。这种甜瓜的果实高球形，成熟果的表皮淡白色，果面有稀少网纹，最大的单果重 1.5 千克左右。果肉淡绿色，肉极厚，含糖量 14%—17%，甜美，有芳香。

“蜜天下”品种刚采收时肉质较硬，约经 5—6 天存放，待果肉软化后食用，汁水丰多，无渣，入口即化。果实后熟愈久，汁水愈多，愈芳香甜美。品质发挥至极致。耐蔓枯病。

“蜜天下”对种植的要求很高。合作社的工人都要进行培训，严格按照技术要求操作。比如，一棵苗会长出两根藤蔓，每根藤蔓上只能留一只瓜，长势实在好的，一棵苗也不能超过三只瓜。

在一般农户看来，第一茬瓜采摘后，二茬、三茬还能结出更大的瓜，但合作社为了确保品质和口感，只卖“头茬瓜”。瓜棚里的温度，也要保持在 12℃到 35℃之间，工人们时刻要注意保温和通风。

这还不止，哪怕到了瓜熟蒂落的时候，按照姚爱军的意思，也是要一批批排好了上市时间，哪怕提前一天采摘，他都认为会影响口感。

“之前，有一位西安游客在枫泾古镇旅游，无意间朋友请他品尝了我们的甜瓜，他回到西安后，就照着包装盒上的电话打过来，要请我们快递一箱过去。”姚爱军说，尽管对方很有诚意，但考虑到路上的折腾，很可能影响甜瓜的口感和风味，他还是婉言谢绝了。

姚爱军已经种了近十年的甜瓜，积累了一大批忠实客户。别人都是想尽办法讨好客户，只有他敢明目张胆地“拒绝”客户。为此，姚爱军感到“很委屈”。

“昨天，有个老客户打来电话要 30 箱甜瓜，我没货，只能拒绝。”姚爱军说，没想到，挂上电话不到半个小时，老客户直接“冲”了过来，说了一堆好话，最后没办法，只好硬是“挤”出 5 箱瓜给他。像这样的情况，几乎每天都在上演。

为此,姚爱军也是哭笑不得:“甜瓜成熟后,我都不敢拍照片发朋友圈。”要知道,朋友圈是一个非常好的宣传渠道,别人恨不得天天发图宣传自家的甜瓜、西瓜,姚爱军却坚决不拍照片,不发微信,不晒朋友圈。

他的“三不”原则,在行业里显得有点怪异。也因此,很多人好奇了,既然珠丰甜瓜年年那么好卖,为什么不扩大种植面积呢?

姚爱军说:“一来,现在劳动力成本高,土地资源也越来越紧张,没人、没地;二来,要种出高品质的甜瓜,管理上要格外精心,面积扩大了,很难顾得过来,管理不到位会严重影响品质;第三,我也担心盲目扩张后会带来销售压力,现在是刚刚好……”

据介绍,今年,珠丰甜瓜的上市期为4月17日到5月20日前后,核心种植面积在220亩左右。预计,集中上市期在5月10日前后,那时候一天的供应量会是现在的10多倍。

期待已久的珠丰甜瓜终于上市了,但却是“一瓜难求”。而老姚卖瓜卖到这个程度,我们也真是服了。

百年老宅里，那道“温柔”的鱼汤

丁琦慧

三月的上海，周末的下午，阴天，时有雨。我们一群吃货，互不相熟，以寻找乡间米道为名，从城市的各个犄角旮旯里“爬”出来，定位导航，驱车浦东新场镇。来不及逛游古镇，直奔目的地——敦厚堂茶艺馆。

没错，我们是来吃的。当地美食“线人”推荐，这家茶馆有一道神秘鱼汤，有来头、有讲究……总之，应该没来错。正是黄昏时分，几人饥肠辘辘，兜兜转转停好车后，来到一处不大的古宅门口，没顾上细瞧便跟着一头钻了进去。

却仿佛穿越了。

走过石板路，玄关处的“积健为雄”和各种名贵茶叶礼盒，让我不由放慢了脚步。这应该是一处私宅，坐北朝南，一进两厢。大客堂内，悬挂着隐居龙华寺的茆帆老先生书法作品“敦厚堂”，还有一块“鸿案延喜”的旧牌匾，让人恍然有种不真实感。

飘散着的淡淡茶香，悠扬的古琴声，中式的家具，古典的摆设，瞬间穿越回民国。这厢拨弄着琴弦的，正是茶馆的老板娘戴姑娘，琴声如行云流水般……客堂里喝茶的客人们一边品着茶，一边听着曲，聊着天，好不自在！

一曲弹罢，老板娘招呼我们坐进了名为“王老九”的包房间，便又消失了。我们一个个正襟危坐，等开饭。

上菜了，一道接一道，皆色香味俱全：虾仁白果哈密瓜球的清甜弹牙、螺蛳野生鳝筒的爽口微辣、梅干菜笋干扣肉的浓油赤酱和扣肉的入口即化、清蒸鲥鱼的鲜美……从盛器到摆盘，从色泽到口味，从食材到搭配，每一道都可圈可点。

话不多说，在传说中的鱼汤到来之前，我已吃下两小碗米饭。

最后上场的鱼汤，被盛在一个形似花生壳的石盆里，呈乳白色，硕大的鱼身上随意地撒着几缕极细的笋丝和火腿丝，还有少许香菜葱末。

喝一口鱼汤，淡淡的，却很醇香，润口，鲜甜，不腻、不腥，有种说不出的味道……到底如何形容这味道？大家七嘴八舌，突然，某个人一句“温柔”，拨动了大家的心弦，赢得了共鸣。没错，就是“一道温柔的鱼汤”！

这样的感觉，是不是有点熟悉？哈，其实就是食材的本味！我因为习惯了给小朋友做辅食不加任何调料，非常喜欢这种食物本来的味道，难怪似曾相识！不用配饭，不知不觉喝了好几碗鱼汤。

再吃一口鱼肉，肉质紧实白嫩，鲜美更浓郁一层，一点儿都不寡淡。最惊艳的是鱼皮，弹润鲜嫩，饱含着汤汁，倏地一下滑入喉咙，满满的胶原蛋白！

一桌丰盛的菜，以此原味之鱼汤作为收尾，的确是恰到好处，令人心满意足。

赶紧找来老板娘询问。原来，这盛鱼汤的石盆来自景德镇，选用的鱼是开化的清水鱼（乌草鱼，草鱼中的贵族），只能养在清水里才能成活。鱼汤的做法就是平常的做法，但放了一种神秘的天然植物作为辅料，调料只放了少许盐，突出食材的原味。据说，这天然植物就长在鱼塘边，与汤里的鱼也算是一种相生的关系。

老板娘说，如今，越来越多的人好香、辣、咸等重口味，这“温暖”“温润”“温柔”的原味鱼汤，反而获得了很多食客的钟意。

回味着鱼汤的滋味，端起茶杯在客堂里踱步，简直是一步一景。飞檐吊角，庭院深深，宅园相连。整幢建筑，石、木、砖雕刻俱全，结构精良，雕梁画栋，古韵犹存。各处修缮、装饰得也相得益彰，让这栋民国老宅焕发了新生。

终于见着老板娘得空，一行人便围坐一起，听她娓娓道来，讲述这里的故事。老板娘姓戴，长相清丽，新场本地人，是个有故事的女同学。原本是金融行业高级白领的她，拥有一份令人艳羡的工作，工作节奏很快，平时也就偶尔喝喝红茶、绿茶，并无讲究，自从遇到了“那个他”，她的人生开始变得不一样了。

戴姑娘说起自己的先生，一脸的崇拜和欣赏，先生是从事中式古典家居设计的，有自己的工厂。受他的影响，戴姑娘也爱上了古典家具和古建筑。后来，她辞了工作，远嫁宁波。她在他身上，遇见了另一个自己，找到了自己骨子里喜欢的生活方式。两人在宁波闹市开起了颐和茶馆，把共同爱好升华成了共同的事业。

戴姑娘带着先生回新场后，几经寻觅，找到这王老九宅，看中它的百年历史，历经岁月的沧桑。起名敦厚堂，是原先在宁波时看到过一块老匾写着“敦厚堂”便很是欢喜，后来请老师茆帆题字，竟也是这三字！俩人很喜欢这名，也想表达“做生意敦厚老实”之意。

她告诉我们，由于此宅是浦东新区登记不可移动文物，按照要求只能进行保护性修缮，修旧如旧，光是加固就花了 2 个月。在修缮过程中，为了把这处古建筑保护好，先生亲自担任总设计，全凭自己感觉，钻研中式家具特有的榫卯结构，一梁一木都花了心思，有时候会愣愣地发呆，忽然又美滋滋地笑出声，问他却说，“你不会懂的，我的脑海里有了画面”。

如痴如醉至此，很好地还原了老宅原有的风貌。堂主执着敦厚的形象也跃然纸上。而堂内的这些古床、牌匾、字画、摆设，都是他收来的。客人们很喜欢这些老物件儿，有的细细察看，有的沉迷于拍照发朋友圈。

茶馆内，焚香沏茶，抚琴弄弦，三五闲聊，甚是惬意。据说，很多人一坐就不想走，直至深夜一两点。此情此景，让我想起唐代诗人刘禹锡之《陋室铭》，改编如下：“斯是茶室，惟吾德馨。苔痕上阶绿，草色入帘青。谈笑有鸿儒，往来无白丁。可以调素琴，悦金晶。无丝竹之乱耳，无案牍之劳形。（金晶：好友，吃货。）”与敦厚堂茶艺馆，毫无违和感。

在敦厚堂品茶、喝汤、抚琴的一行人，原本并不相熟，准确地讲甚至互不认识，由着一碗鱼汤结缘而来，此刻却都悠然自在，相谈甚欢，忘却了时间的存在。

临别，走出茶馆，终于看清了门牌号：石笋里64号。话别后，“米道吃货团”袅袅散去，奔赴各自忙碌紧张的生活。茶馆外，早已入夜，料峭的春风吹在身上，微冷。心中却自有一分暖意，回首向来萧瑟处，归去，也无风雨也无晴。

他烧的后岗鳝丝，让“发小”们重回乡下老街

黄勇娣

今天，神秘的陆哥又出现了。作为笔者在上海金山的美食“线人”，这次陆哥要引荐的是其发小的一道菜，说是“十年磨一菜”。

他的发小叫蒋小明，在亭林镇开了家“新后岗酒店”，有一道拿手菜“响油鳝丝”。据说，整个金山区“有头有脸”的人物，很少有人没吃过他家鳝丝的。要是市区来客到了亭林镇的地界上，最有可能被带到这家店里来，而且，冲的就是这一道菜。

对了，亭林镇，知道是哪里吗？就是韩寒的老家。熟悉当地历史的人，则会告诉你，这里还是南朝文字训诂学家、编撰出中国第一部楷书字典《玉篇》的大家顾野王晚年定居之地。

对这家乡间小店的知名度，笔者将信将疑，便随口问了几位熟识的金山朋友。没想到，得到了各种肯定回答：“你说的是后岗那家店吧”“吃过”“我以前在那附近工作，经常和闺蜜去那儿吃鳝丝”“他家的黄鳝都是野生的”“专门到他家吃鳝丝的，有宝山、浦东、闵行七宝等好多地方的人”……

惊呆！要知道，关于响油鳝丝，笔者去年刚写过张堰镇的这道菜，那可是柳亚子先生赞不绝口的名菜啊。而且，张堰镇离得并不远哦。

这名不见经传的小店，这位名不见经传的小人物，竟凭借同一道菜“征服”了广大吃货的心？

一来到小店门口，就被一副对联吸引了：“一人巧做千人食，五味调出百味香。”据说，这可是蒋老板、蒋大厨亲自写的。

陆哥说，当年，蒋小明可是老街上最皮的“皮大王”，没想到，现在这么有追求，烧菜竟然烧出了“工匠精神”。

吃客们最津津乐道的，就是这道食材的来之不易：“他家的黄鳝，都是野生的！”据说，每年 6 月到 10 月，是吃野生黄鳝最好的时候。

长期给店里供应黄鳝的，固定的就有 10 多户农民，都是亭林周边的农民，他们都选择在夜间去田里捉野生黄鳝。当然，蒋小明给出的收购价，要明显高于市场价。

怎么看得出黄鳝是否野生？对这个问题，笔者再三追问，蒋小明才“极不情愿”地指点一二：野生的是黄肚皮，而养殖的多是花肚皮；野生的黄鳝，头部格外光滑，尾巴摆动特别有力，不会懒洋洋的……

然而，真要一眼分辨出来，靠的还是 10 多年的实践经验。

烹饪之前，需要烫黄鳝、划鳝丝、剪成段，都是有趣的过程，而且十分讲究时辰、分寸。水烧开了，倒入盛放黄鳝的容器里，要焖上 5—10 分钟，夏天时间短一些，冬天时间长一些。

烫的时间短了，划鳝丝时，血水会流淌出来，烫得过头了，划鳝丝时，鳝鱼的身体容易断，很难一划到底。

蒋小明的爱人姚青，亲自上阵演示划鳝丝，每条鳝鱼只需三划，骨肉就被完全分离开来。三五分钟后，一斤鳝鱼就划好了，动作轻盈而迅速。

她笑说，划鳝丝，要有点轻功，力道要正好，不能太用力，也不能不用力，否则，很难干净利落。

最关键的烹饪时候到了：热油热锅，撒入切好的老姜，就开始爆炒,不时颠锅,防止粘锅……

不到5分钟,鳝丝就出锅了! 装盘,撒上白色的蒜泥,绿色的小葱,红色的尖椒段,以及胡椒粉,一气呵成。

蒋小明的鳝丝,并不用任何辅料,比如洋葱、茭白丝、香菇、韭黄等,就是为了吃野生黄鳝的原味。

这烹饪过程,到底高明在哪里? 笔者实在看不出来。问蒋小明,他居然"高傲"地回答:"你看过卖油翁的故事吗? 就像卖油翁那样,我也是'无他,但手熟尔'!"笔者有点想笑:他这是保密,还是谦虚啊!

不要以为这道菜已大功告成,最"惊艳"的工序还在后面呢。

鳝丝上桌后,只听一声响亮的"来咯",蒋小明端着一勺热油进了包厢,开始浇油仪式:黄亮的热油浇上去,盘中立刻沸腾起来,发出滋滋滋的声音,伴随着食客们"哇、哇、哇"的惊叹声,香气已经弥漫整个房间。

有声,有色,有香,有味,这是一场调动五官的盛宴。小心翼翼夹起几根鳝丝,小心翼翼送进口中,第一感觉是特别鲜,同时品到层次丰富的香,有蒜香,有葱香,更有鱼肉香,嚼一嚼,可能是因为野生的缘故,鳝丝特别有弹性……

你一筷子,我一筷子,只几分钟,一盘鳝丝就被消灭了。

见此情景,蒋小明又转身去下了一碗光面,用剩下的鳝丝汤汁拌一拌,居然格外鲜香。我们原本已经饱了,但经不住诱惑,每人又品尝了一小碗拌面。

简简单单的响油鳝丝,被蒋小明烧成了一个地区的"口碑菜",并不是说说而已。他说,小时候,后岗老街上有一家老饭店,那里的陈师傅烧的响油鳝丝特别有名,周边人们都以吃过这道菜为豪,而自己那时就常趴在陈师傅的灶台上,一直傻傻地看他怎么烧这道菜。

10多年前,他开始自己开饭店,最初并没有特别看重响油鳝丝,没想到，吃过的人都夸好，后来甚至专为这道菜而来。就这样，他也越发重视了，开始研究大众点评上的食客评论，这道菜好在哪儿，不足在哪儿，一点一滴改进……

十年磨一菜，蒋小明的响油鳝丝终成一绝。人们来吃饭，总要预约，否则吃不到。店里基本不翻台面，蒋小明烧好菜就“下班”了，开始坐在店里慢悠悠地喝酒。此时，再来客人，他也不会下厨了。

店里食客，基本是“回头客”。一位朱女士，娘家在亭林镇，后来嫁到了枫泾镇，“大肚皮”时就来吃鳝丝，基本每月来一趟，现在儿子已经9岁了。

这几十年来，年轻人一个个外出读书、工作了，居民一户户搬到了城里，后岗老街变得越来越冷清。但蒋小明却回到了老街上，并坚守了10多年。如今，随着他的响油鳝丝声名远播，越来越多的食客找到了后岗老街上，而他的那些“发小”们也经常回来了。

陆哥说，平时，只要想起来，一个电话，不用点菜，蒋小明就明白了，到了时间点，几个老友从各处赶回来，吃点家常菜，喝点小酒，大家聊聊近况。每回，响油鳝丝都是桌上的主角。

在芦潮港码头边，他做出了“天下第一鲜”

陶金晶

最近，笔者去了芦潮港码头边的阿新海鲜加工坊。

关于阿新海鲜，吃货故事不少。两位浦东本地青年，去国外度假半个月回来，一下飞机就拖着行李直奔芦潮港，说是“在国外最想念的就是阿新海鲜”。

而一位家住书院镇的姑娘，更是隔三差五和闺蜜们往阿新海鲜跑，有天中午，竟在这里先偶遇了叔叔一拨客人，后又碰上了父亲带着客人来吃饭。

一年后的今天，阿新海鲜已不在原来的地方，而是搬到了马路对面一栋三层小楼里，一次接待量达到了 60 桌左右，并拥有了偌大的专用停车场。昔日的马路大排档，摇身变成了气派的高档大酒楼。

但让人惊讶的是，这座海鲜大酒楼的名字，依然是草根的“阿新海鲜加工坊”，价格也依然亲民。对此，阿新老板有点腼腆地说：“如果改成大酒店，就不接地气了，有些客人就不敢进来了。做了这么多年生意，我还是想做普通百姓吃得起的海鲜。”

但说到菜肴，他就不那么腼腆了，自豪地说：“去年，我们推出了刀鱼馄饨，今年，我们又研制了一道‘天下第一鲜’，比刀鱼馄饨还要鲜好几分，你们一定要尝一尝！”

但等到神秘的“天下第一鲜”端上桌来，我们却不禁有点小失望：这不就是一道普普通通的蛤蜊肉汤吗？

阿新老板并不多言，只是让我们赶紧喝汤、吃肉。一勺汤汁入口，那浓稠的口感，鲜香的味道，微微的回甘，立刻被我们的味蕾捕捉到了，有了一回不同以往的体验。再舀一勺蛤蜊肉，肉质细密鲜嫩，嚼劲十足，清爽美味，值得回味。

“这蛤蜊肉取自最常见的文蛤，算是最草根的海鲜食材，每斤批发价只有十几元。”阿新说，与海鲜打了几十年交道，他最爱吃的还是这文蛤。幼时贫穷，母亲常到海边捡拾文蛤给兄弟姐妹尝鲜，文蛤就成了阿新老板记忆里最幸福、最鲜美的味道。

但“天下第一鲜”，并不是主观认知的产物。以往，人们烹饪文蛤，多是将其煮熟后，再取出蛤蜊肉来，在这过程中，蛤蜊的汁水流失不少，严重影响其美味度。而阿新老板做的“天下第一鲜”，文蛤肉都是从紧闭的小贝壳里硬生生挖出来的，难度很高、速度很慢，但最大程度地保留了其原有的营养和鲜美。

但生取蛤肉实在耗时费力，店里专雇的两个“文蛤工”一天最多只能抠出几十斤文蛤，仅能做成十几份“天下第一鲜”，老客人必须提前预约，才能吃到。不过，价格仍是亲民的，每份定为 38 元。

如果当天吃不到“天下第一鲜”，也别沮丧。因为，阿新老板还新开发出了另一鲜——文蛤饼。将生抠出的文蛤剁成肉泥，和着汤汁、面粉，做成的煎饼外脆里嫩，口感鲜、甜、嫩，既是一道美味菜肴，也是一道管饱点心。

当天，文蛤饼是首次正式上桌，食客们品尝后纷纷发出赞叹声。但最后，轮到阿新老板品尝时，他却说这一回的味道，还是有点欠缺，面粉比例高了一点，文蛤的鲜味有点被“盖”住了。

下面再说说阿新家最近的海鲜主打菜吧！

虽然离清明还有好一段日子，但阿新家已早早推出了“刀鱼系列”。阿新老板说，去年刀鱼价格居高不下，但今年的价格却便宜许多，一周前三两规格的海刀一斤只要500元，一般食客也吃得起。不过，现在已经飙升到1 000多元一斤。

相比清明前夕，这段时间的刀鱼在肥美度上略微逊色，但鲜嫩的口感已相差不远，剔下白嫩的鱼肉清蒸尝鲜，鱼骨过油煎炸，鱼骨酥脆，佐酒别有一番滋味。

要是还不过瘾，再来一碗全手工的刀鱼馄饨，鲜香滑糯，价格与去年一致，依旧45元一份10只。

笔者特别喜爱的，还有“鲜蒸米鱼膏”。作为土生土长的海边人，我还记得，做过渔民的老祖母曾说，在旧社会，野生的米鱼膏可是地主家给媳妇坐月子进补的好东西。如今，生活富裕了，普通老百姓也能吃上大补的鱼膏了，再配上薄切的咸肉和笋片，那软糯咸鲜的美妙滋味，我还真是无法形容了，各位看官去自行品味吧。

红烧海鲜，一直是阿新家的门面。这一次，阿新老板精选东海野生沙鳗，做了一道红烧鳗鱼。沙鳗肉质细腻，仅有一条脊柱，没有额外鱼刺，非常适合老人小孩品尝。沙鳗80多元一斤，平均百元左右就能吃到活杀的野生鳗鱼，食客点赞较多。

如今，在浦东的芦潮港、临港新城、惠南镇，已经开出了三家阿新海鲜加工坊。但懂行的吃货最爱的，还是芦潮港“总部”。因为，这里的每道食材、每道菜肴、每个细节，都是阿新老板每日亲自把关的。

有着大理石花纹的上海本土猪肉

黄勇娣

几年前，笔者就采访过一种有着“大理石花纹”的上海本土猪肉，那时候知道它的人还不多。但没想到，现在，时常听到关于它的消息——

有一位朋友，家住青浦淀山湖边，每过一段时间，会专门开车到松江区采购这种猪肉，现在全家已“拒绝”吃其他地方的猪肉。近日，他又做了回锅肉、烤肋排等，照片晒在朋友圈，令人垂涎欲滴。

有一位同事，得了朋友送来的这种猪肉礼盒，烹饪品尝后发现“特别香”，吃到最后，只剩一盒在冰箱里，竟舍不得吃了，特地打听上哪儿买这种猪肉。

有一位采访对象，是浦东一家合作社的负责人，无意中说起这种猪肉，毫不掩饰对它的认可和夸奖，并透露说，去年一年，自己累计帮客户买了 10 万多元的这种猪肉，吃过的客户“没有说不好吃的”……

这就是上海松江区本地养殖的“松林”猪肉。目前，市郊的生猪养殖业正在逐步缩减，但生态养殖的松林猪规模却在扩大，去年一年上市 13 万头，预计明年可达 15 万头。而前不久，它还参加了全国优质品牌猪肉大赛争霸赛，一举获得“健康猪肉奖”“食鲜猪肉奖”两项大奖。

笔者本是个味觉不太敏锐的吃货，并不能品出优质猪肉、一般猪肉的细微差异。但近日，一个傍晚，正在奋笔疾书赶稿时，竟被诱人的香气“打断”了思路，一阵又一阵，愈来愈浓。起身寻觅，才发现是母亲在厨房里炖煮“松林”猪肉。

“一家烧肉，满楼飘香。”小时候的肉香，竟真的回来了？为此，笔者又专门去松江的松林猪产地进行了采访。

“为什么猪肉的香气会这么浓?”笔者开门见山地问道。对此，松林公司负责人王龙钦回答道:“经过专业机构检测，松林猪肉里的谷氨酸含量，比一般猪肉要高出15%以上!”现场的农业专家补充说，谷氨酸是氨基酸的一种，它有鲜香味，味精的成分就是谷氨酸。

这首先与猪的品种有关。2011年，松林公司花大本钱率先从荷兰引进了托佩克猪种，它耐热、抗病，猪肉口感好，适合亚洲人的口味，产出的五花肉特别嫩、鲜。但它也有缺点，那就是生长周期长、产量低，同样花6个月以上时间，其他品种的猪已长到130公斤，但这种猪才110公斤。

王龙钦坦言，松林公司引进新品种，并不追求生猪“长得快、产量高”，而更加在乎猪肉“口感好、有营养”。

除了浓郁的香气，这种猪肉的另一鲜明特点，就是有着明显的大理石花纹，乍一看就像是雪花牛肉，“这是因为猪肉的肌间脂肪丰富”。如此，烧煮后的松林猪肉，哪怕全是精肉，口感也不会硬实，而十分松嫩，不柴，越嚼越香。

好吃的猪肉，还与生态养殖法有关。目前，松林猪都是由一个个家庭农场主代养，采取种养结合的模式，一片粮田(菜田)+一座小型养猪场，畜禽粪便都转化成有机肥，输送到周边农田中去，变废为宝、低碳循环。这些猪就像生活在一个个低密度的“田间别墅”里，生态环境好，身体也更健康。

而且，这些农场主严格遵守松林公司的养殖标准，喂猪的饲料全部由松林公司自己配方，坚决不用抗生素，而在谷物里加入了中草药成分，不仅起到抗病的作用，还改善了猪肉的口感。

屠宰环节也十分关键。为此，松江还建起了现代化的生猪屠宰场，在屠宰前，先将生猪静养 6 小时，10 小时空腹清肠，而先进的流水线也注重减少生猪的应激反应，否则生猪会因为紧张而分泌毒素在猪肉里。

宰杀后，还需经过 18 小时的冷链排酸，之后全程冷链运送到各销售网点。相比热气肉，这种冷鲜肉不仅可以抑制微生物繁殖，吃起来也更鲜、更嫩……

让人惊讶的是，吃过松林肉的客户，纷纷成了它的“铁杆粉丝”，再也不愿意吃其他品牌的猪肉。据透露，曾有一家零售网点摊主，看到松林的猪脚实在太好卖，就偷偷收购了其他品牌的猪脚进来卖，结果，竟被老客户“吃”了出来，受到处罚。

还有更多老客户得意洋洋：“是不是松林肉，我一吃就能吃出来！”

“对于松林猪肉，有三种江南烧法，能让香气更好地散发出来。”松江一位农业老法师传授道，一种是传统红烧肉，不用放糖，煮 1 小时以上，特别香；一种是清炖肋排，也需煮 1 小时以上，吃的时候又香又酥又嫩，口感细腻，汤清却鲜；第三种是用梅花肉做叉烧，一头猪身上只有两三斤，大理石花纹好看，吃起来又香又肥，根本分不出到底是雪花牛肉还是梅花猪肉。

金山嘴渔村的“盐水八大碗”

黄勇娣

休渔期一过，杭州湾畔的金山嘴渔村又热闹了起来。

今天上午，2017 金山海鲜文化节拉开帷幕，盛邀市民前往品尝最新鲜、肥美的海鲜美味。让人感到新奇的是，今年当地特地推出了“盐水八大碗”系列渔家菜，据说只有最新鲜的海鲜食材才能“胜任”如此简单的烹饪方法，为的就是品出那一口最质朴本真的“鲜”。

顾名思义，“盐水八大碗”共包括八道渔家菜，分别是盐水小石蟹、盐水白蚬、盐水八爪鱼、盐水小昌鱼、盐水板刷、盐水白米虾、盐水梅子鱼、盐水龙头鳑，品种和价格都十分接地气。这“盐水”特色的系列渔家菜，其实来源于渔民常年在海上作业、生活而养成的传统烹饪方法。

解放前，渔民的捕鱼船吨位都很小，以帆为动力，捕鱼工具也十分落后。遇到风浪，不要说捕鱼，连性命都难保，同时，出海携带的干粮十分有限，碰到风浪连正常供给都困难。因此，渔民养成了最简单的饮食方法，不管捕上来什么，用水氽一下就解决了下饭的菜。长年累月，盐水海鲜成了渔民的一种家常吃法。

这种简单的烹制方法，不仅省时、省力、节水，还能充分保留食材的原汁原味。到了眼下，这种烹饪法更能迎合人们倡导的健康饮食潮流，因为它无油、新鲜、原味。

此番，金山嘴渔村推出的“盐水八大碗”，在继承渔民传统烹制方法的基础上略加提高，不仅注重去腥，还讲究提味重色，突出了盐水八味的色、香、味、形，为爱好海鲜的食客们带来了新一轮惊喜。

吃海鲜、逛老街、吹海风、住民宿……即日起至 10 月 31 日，一系列海鲜美食和文化旅游活动将在金山嘴渔村轮番登场。据介绍，今年金山海鲜节期间的活动主要有七大项，包括渔村餐饮饭店厨艺比拼、渔家特色民宿优惠季、渔家海鲜盛宴新尝鲜、渔村文创园开园优惠季、淘渔村小海鲜我下厨我骄傲、美丽渔村摄影展览比赛等。

当天，金山嘴渔村智慧商圈也正式上线。游客只要关注“上海金山嘴渔村”微信订阅号，即可在商圈中预定民宿、餐饮，游览观赏景区。不仅如此，智慧商圈平台还将景区管理和营销、商户参与运营及游客体验互动等，与互联网智能解决方案相结合。据悉，金山嘴渔村智慧商圈已纳入市级智慧商圈试点项目。

为吸引市民游客，金山海鲜节期间还推出了系列优惠活动，比如通过购买景区联票 1 张即可抵用民宿入住费用 40 元，游客购买景区联票一张即可在指点饭店消费抵用 20 元等。

琥珀色的猪头冻

李成东　张小小

再过几天就是正月初一，儿女即将回家的松江区文华村村民朱火明家，开始热闹起来。

老夫妻俩都起了个大早。今年68岁、身子骨还硬朗的朱火明骑上电动车，去村里小菜场拿预订好的肥猪头，老伴张小妹则在另一边收拾柴火，热大灶、烧开水。佳节将至，老两口几天前便计划要做上一盆猪头冻，所以一大清早便忙活起来。

“现在猪头不提前订，已经买不到了，都直接被熟食店、饭店拿走了。”朱火明让摊主把猪头一切二，提回家交给老伴。

所谓“猪头冻”，就是在熬煮好的猪头浓汤里，加入各种作料，再煮透冷却成琥珀色冻状的一种美味吃食。在浦南地区，逢年过节做猪头冻的习俗保持了几百年。易于保存的特性，让其广受欢迎。因为冻肉大多是用猪头肉做的，所以这里又把冻肉叫做“猪头冻”。

猪头冻听起来简单，却是道功夫菜。主厨张小妹，比朱火明小两岁，今年66岁。“首先得拔毛，用镊子将猪头上的细毛一根根拔干净，再用开水反复清洗，这就得半天工夫。”张小妹介绍说，洗净猪头后，紧接着就是往锅中倒入清水，再放入少许姜、料酒，大灶下添柴加火，开始热锅。

朱火明家的村宅是三十多年前的老房,灶头也是传统的乡村土灶头,尤其让老夫妻俩得意的是,现如今大多村民因房屋改造,拆掉了灶头,而他们却将这口“三眼灶”保留下来,沿用至今。

“用灶头烧饭菜时,灶下面的火是用木柴烧出来的,火势比液化气大得多,烧出来的饭菜也香。饭做好了,小眼里的水也开了,正好晚上用来洗脸、洗脚。”朱火明说,因为眼下村里也不好找柴火,所以不少村民便废弃了大灶,而他是村铅笔厂的员工,每天都能带不少废木料回家。

猪头冻这道菜是带着乡愁的。大灶、旺火、烧猪头肉也是老夫妻俩共同的回忆。老人说:“我俩小时候,家里也都是母亲在灶台上烧菜,父亲在底下添柴。因为天气冷,‘孵’在灶头间最是暖和,所以兄弟姐妹们都抢着帮忙添柴,闹腾腾地挤在一起,不一会儿脸上就红扑扑的了。待到猪头肉要烧熟时,试吃也是一大乐趣。贪吃的孩子,往往会咂吧着嘴吞下一块肉,连着滚烫的汤汁想咽下去,在长辈的呼喊下,再赶忙张开嘴大口吸气,随后唇齿咀嚼间,肉香溢满鼻腔。”

热好锅后,便是放入猪头汆一汆,过不了半晌,锅里便都是沫子。“这时候得先把猪头捞出来清洗,再换上一满锅水,倒入老姜、八角茴香、料酒,最后把猪头下锅。下面就是慢活了,要文火熬煮上三小时,其间还需不停地用勺子捞去白沫。”

三个小时里,灶内的柴火“嗤嗤”作响,大锅里的汤汁越熬越白,放在其中的茴香也禁不住“煎熬”,溢出的香气隔着厚实的锅盖“跑”出来,与浓郁肉香味一起飘满了屋舍。

“现在这白色的老汤,就是后面猪头冻外面那层透明的冻。小时候条件差,肚子里没油水,恨不得一块肉煮上一锅汤。但猪头冻有讲究,如果水放太多的话,就冻不起来。”朱火明说,小时候一年难得吃一次猪头冻，就盼着过年家里做一点，家里 8 口人吃饭前分配好。“不能把它放在米饭上，那会融化掉，要放在桌上，咬上一小口就一大口米饭，喷香。”

从中午炖到太阳落山，锅里的猪头已酥烂如泥，隐约还可见骨头和肉分离了开来。洗干净手，张小妹便开始拆去猪头上的骨头，“有些小骨头不容易发现，要用手摸着感觉，否则吃到骨头会影响口感”。

拆完猪头上的骨头，下一道程序就是将猪耳朵、猪鼻子等不易煮烂的部位上的肉切成片，最后再将所有肉回锅。

“这时候在锅内加入生抽、老抽、冰糖，其中生抽和冰糖是用来提鲜度的，老抽用来着色，还可以依据个人口味放一点辣椒。等汤汁一点点收拢，一盆猪头冻便烧成了。”张小妹说。

生抽是咸鲜的，而冰糖是甜的，这两者融合在一起，却提升了整个菜品的色香味，令人不得不赞叹美食烹饪的博大精深。

很快，一盘热气腾腾的猪头肉出炉了。不过，还不到吃的时候。

因为，猪头冻还是道时令菜。张小妹把它慢慢倒入一个长方形的不锈钢盆里，需待它自然冷却、结块才行，即使是数九寒天，这个过程也至少得一晚上。

成品的猪头冻是晶莹剔透的，外面裹着一层琥珀色的胶质，反面光滑。入口之后，如同“果冻”般的胶质物先融化在口腔里，鲜香的汁水顺着喉管流入胃里，牙齿咀嚼着猪肉纤维，浓郁的香气氤氲到鼻腔中。还有种吃法，是将它放在热饭中，稍有一点融化时，便放入嘴里，猪头冻直接就会在舌尖上化为汤汁，不用等待。

与朱火明家隔得不远，许家草村的村民朱忠良家中同样在做猪头冻。

朱忠良今年 68 岁，与朱火明同岁。从小帮家里烧饭的他，有一手好厨艺。后来，他的名声渐渐在村里传开了，谁家遇到点红、白喜事都会来请他上门帮忙，只要是冬天办事，他就会做猪头冻这道菜。

临近午饭时，朱忠良走进灶头间，查看桌上的不锈钢盆。里面装的是猪头冻，紧贴着盆的四边已经有了白色膏体，他端起不锈钢盆晃动几下，四个角上裂开了一丝细微的缝。

“猪头冻成型了。”他用菜刀切下一条，长长的冻肉晶莹剔透又有弹性，从他手中晃晃悠悠地落到砧板上。一片、两片、三片……软糯的冻肉片跳起舞来，在砧板上洒下一些红色的细碎肉末。

“小时候，村里家家户户都穷，平时哪里吃得起肉，只有过年会买点猪头做冻肉。家里来客人会再烧一条鱼，但大家都知道后面几天还要招待其他人，一般也不吃。一盘鱼端进端出好几天，只有主人说‘后面家里不来人了’才会下筷。”朱忠良回忆，半个猪头就可以做一大盆猪头冻，全家人省着点可以吃一整个春节，在当时也算是一道硬菜。

“现在做这道菜，除了一只猪头外，还会再买一斤瘦肉、一斤肉皮，这样做出来更有嚼劲，更好吃。”

嘉定乡间的“八宝饭”

茅冠隽　朱雅君

春节前几天,王玉萍都起得格外早。每年,离春节还有近一周的时候,她都非常忙。

作为一个闻名远近的“八宝饭达人”,她每年都会腾出一天或数天时间,泡米、煮饭、做豆沙、熬猪油,用传统手艺做出一碗碗八宝饭,除了自家过年用,还会分发给邻里乡亲们。“和超市里买的不一样。那些很多都是速冻的,我是当天做当天送,送上门的时候还热乎!”

54 岁的王玉萍,住在嘉定工业区裕民社区。她的父亲以前是个厨师,从小耳濡目染,王玉萍也有了一手好厨艺。她尤其擅长做八宝饭,除了春节期间必做,平时邻居家有婚嫁、迁居等喜事,也会找她定做八宝饭。“从没觉得麻烦,也不收钱,反正自己也要吃,两个女儿也喜欢吃,无非就是多做几个嘛。”

“没有一只鸭子可以活着游出南京,没有一只兔子可以活着跳出成都”——这条关于吃食的夸张段子如果要排比到上海,那可能是“没有一碗糯米能完好地运出上海”。

上海人大多嗜糯如命,老底子上海人逢年过节,大多是要去杏花楼、乔家栅、光明邨、美新门口排队买糯食的。有嚼劲的崇明糕,香甜的擂沙圆，松软的黄松糕，样样离不开糯米，而集上海各糯食之香、软、糯、甜、松之大成的，便是八宝饭。

在一篇小文章里，文人中的资深食客梁实秋曾深情写道："席终一道甜菜八宝饭通常是广受欢迎的……"上海人的年夜饭桌上，有没有这道八宝饭，往往是"年味"足不足、"仪式感"到不到位的重要标准，可见八宝饭的重要性。

关于八宝饭，有不少传说。有的说，这道吃食源于武王伐纣的庆功宴会，"八宝"象征有功的伯达、伯适、仲突等八士；有的说，宋朝一位将军吃败仗后躲进破庙，掏老鼠洞发现大米、红枣等八样煮了吃而流传下来。种种传说里，专业在民间挖掘各种美食的乾隆皇帝竟然缺席，这不得不说是乾隆皇帝的遗憾。不过最靠谱的说法是，八宝饭起自江浙一带，经由江南师傅进京做御厨才传到北方，如今全国各地都有吃八宝饭的习惯，但长三角一带，尤其是上海，对之爱得最深。

王玉萍说，以往在嘉定乡下，家家户户在快过年的时候都要做八宝饭，通常都是一下子用小碗做几十只，等到要吃的时候再蒸一下，可以吃很久。现在超市里可以买到各种速冻八宝饭，还在坚持自己做的就越来越少。"八宝饭这东西不值钱，即便卖也卖不出价钱，但做起来却有点麻烦，所以很多人不愿意自己做了。不过在吃口上，自己做的和超市里买的，肯定不一样。"

看似简单的一小碗八宝饭，要做得地道并不容易。王玉萍说，最关键的是三个环节：米、油和豆沙。

做八宝饭，最关键的是米。每次做之前，王玉萍都要把糯米提前泡发两小时以上，然后再煮熟。糯米有长糯米、圆糯米之分，长糯米米粒细长，颜色粉白，圆糯米属粳糯，口感甜腻，黏度稍逊于长糯米。做八宝饭如果全用长糯米，容易太烂，变成"八宝糕"；而如果全用了圆糯米，就会"嚼劲"过足，变成"八宝饼"。拿捏长糯米和圆糯米的比例，不仅要根据各家口味，也是厨师功力的体现。

搞定了米，接下来就是八宝饭香味的核心：油。王玉萍告诉笔者，有些超市里买的速冻八宝饭蒸完了吃起来“不香”，是因为做八宝饭时放的是精制油，没有用猪油。“猪油的香味是八宝饭的精髓，而且不放猪油的话糯米之间容易粘连，吃口不好。”

以前物资匮乏，油盐短缺，家家户户都要熬猪油当食用油，这才有了“猪油渣”这种平民美味。如今，大家再也不用为了油盐发愁，但为了保持八宝饭的色香味，每年做八宝饭，王玉萍都坚持自己熬猪油。选猪肚子里的板油切成小块，加点水用小火慢熬，熬到水干，雪白的猪油就自然会出来。如果不加水干煸，猪油很快就会焦；如果用大火熬，猪油会发红，做出来的八宝饭品相就不好。

熬好了猪油，接下来就是做豆沙。赤豆一定要选当年的，和水一起烧酥软，裹到干净纱布里压滤出水，新鲜豆沙就做好了。

备齐了三大主要原材料，就可以真正开始做八宝饭了。不过，到底是哪“八宝”？“八、宝、饭”三个字，字字都是中国人的最爱。至于是哪八宝，有人说是指圆糯米、红豆沙、红枣、莲子、葡萄干、核桃仁、瓜子仁和枸杞，有人说是指莲子、红枣、金橘脯、桂圆肉、蜜樱桃、蜜冬瓜、薏仁米、瓜子仁，种种说法不一而足。综合来看，所谓“八宝”其实是“2＋X”，糯米和红豆沙必不可少，其他材料丰俭由人。中国人说话喜欢凑整数并且图吉利，五六层的饼要叫千层饼，几片布缝成的衣服要叫百衲衣，所谓“八宝饭”里的“八宝”自然也没有标准答案。

在做八宝饭之前，王玉萍会先在碗里铺上一张保鲜膜，或者刷上一层猪油，然后按照自己和家人的喜好摆上核桃仁、葡萄干、红枣等。“有些店里卖的八宝饭，这些干果是在八宝饭出炉以后压到饭上去的，这一方面会影响整个八宝饭的形状，导致不够圆，而且干果的香味也没有蒸进八宝饭里，好看是好看了，但肯定没我这个好吃。”

随后，王玉萍把蒸好的糯米饭盛起来散发掉一点水蒸气，趁热加白糖、猪油搅拌均匀，熬制好的猪油和糖一起拌在糯米饭里，那种无与伦比的香甜就蹦出来了。“糯米饭不能烧得太烂，水要少放一点，饭就会硬一点，接下来加糖、加猪油、揉团都会比较方便，不然饭很容易烂。”接下来，她再把糯米轻捏成一个团，然后小心翼翼地放入碗里。“不能破坏碗里摆好的干果造型，要轻轻往碗的四边把糯米饭按压开，再放上豆沙。”最后将剩余的糯米敦敦实实地压紧，把碗倒扣入锅，蒸熟即成八宝饭。

王玉萍的两个女儿如今都已成家，她的外孙今年 3 岁，外孙女今年 4 岁，两个孩子都特别爱吃外婆做的八宝饭。为什么八宝饭适合过年吃？做了这么多年八宝饭，王玉萍这样总结：八宝饭甜腻、量大，适合全家人享用，最有“年味”；而且，“八宝饭”好似一只“聚宝盆”，象征团团圆圆，有“全家财源滚滚”的美好寓意。“八宝饭蒸完以后特别烫，调羹舀一勺，连豆沙带饭，热气从餐桌上冒起来，孩子们就会嚷‘吃饭，吃饭’，吹凉以后塞到孩子嘴里，一个吃了另一个就会抢着也要吃，我心里就特别开心！”

沪西南的乡村酒席

黄勇娣　付　婷

今年 55 岁的夏金良，是金山廊下人，现在从事安保工作。但多年前，他可是一位小有名气的“土厨师”，经常被远近的乡村人家请去烧菜办酒席。

如今，他虽然没那么忙碌了，但每年春节还是会承接几户人家的酒席，客户大多是“朋友圈”熟识的人。这不，狗年春节的大年初三，他又要去朋友家帮忙烧八桌酒席，款待八十多位客人。

在农村，乡村厨师又称土厨师，他们大多为兼职，为村民承办婚丧宴席，以“师带徒”的模式传承手艺，大部分没有经过正规专业的烹饪培训。他们或者有厨师工作经历，或者只是单纯地烧得一手好菜，却也凭借着多年积攒的经验和地道熟练的“乡土菜肴”烧制手法，受到远近农民的欢迎。

夏金良就是这样一位乡村土厨师，做这一门手艺已经有十五年。

今年春节，夏金良相比往年春节要轻松一些，只有正月初三要为一户人家烧制八桌菜，供八十人享用。而往年春节，他一般要做上三四户人家左右，“今年春节就好好过个年，休息休息”。

从事安保工作的夏金良，按照“倒班”的节奏，并不需要每天上班。

因此,他有大把空闲时间去做自己喜欢的事,比如烧菜。

“1997 年的时候,我在廊下派出所联防队负责烧菜,干了两年,大家都说我烧的菜好吃。我就觉得,自己以后不论干什么,这个手艺不能丢。”

夏金良虽然不是科班出身,但凭借对烧菜的热爱和钻研,很多新颖菜式一学就会。在本土菜烧制之外,他甚至学会了水果、萝卜雕花等手艺,渐渐地名气越来越响,成为周边乡亲办宴席的首选大厨。

“刚开始也有不会做的菜,但通过电视、网络视频并向其他老厨师请教学习,我慢慢学会了很多新菜式。”

像夏金良这样的土厨师,一般承办的酒宴大约在七八桌左右,最多一次他甚至承接了 45 桌的酒宴,提前几天就开始准备。当然,要想做成丰富的一桌菜,靠他一个人是远远不够的。洗菜、传菜、帮厨,他们也有自己的团队,少时三四人,多则十人,是个相对固定的组合。

“平时大家都有自己的工作,有活(烧菜)的时候喊一声,有空闲的人都来帮忙。”

土厨师的走俏,与乡村开放式互帮互助的生活习惯分不开。在农村,往往一户人家有事全村帮忙。浓厚热烈的抱团互助氛围,逐渐催生了“乡厨”这样一种职业群体。别小看了这样的土厨师团队,虽然他们只有几个人,但却有着不小的市场潜力。以夏金良为例,仅 2017 年全年他就承接了 68 户人家的酒席,2016 年更是达到 109 户人家之多,业余爱好带来的收入相当可观。

冷盘(凉菜)八样,热盘(热菜)十二样,干果、点心品类丰富……如今,乡村宴席花样越来越多,最基本也要 22 道菜左右,过年期间,菜谱还会加一点新奇特的变化。

“上世纪九十年代,整个廊下镇大约有十位土厨师。那时,做菜也不十分讲究什么冷菜、热菜的区分,主要也就是八道菜;现在,随着农村生活水平的提升，村里摆宴席也讲究起来，不仅有冷热分别，数目、品质要求也变化很大。”

夏金良表示，20世纪90年代，乡村请土厨师做菜，劳务费在50元一桌，如今，已经增长到160元一桌；尤其近些年，百姓生活富足，不仅婚丧嫁娶时会宴请宾客，满月酒、寿宴、健康酒、书包酒(升学宴)等宴席也越来越多，这也带动乡村厨师数量翻倍地增长。

其中，另一个变化则是在年节期间酒席数量种类的增加——新年期间的亲朋聚会、年夜饭，同样成为时下乡村居民过年追捧的“新秀”；原本生意日渐清淡的乡厨，也重新得到了吃货朋友们的追捧。

“过年期间，人数多的话，一户人家能做到20桌左右，有的工厂也会请我们去给职工们做年夜饭。”

青蟹、羊肉、龙虾、鳜鱼、鳝丝……这些丰富的菜品摆上了年节宴请的餐桌。而为了讨个好彩头，开心果、苹果、发糕、圆子等带有美好寓意的零食甜点也必不可少。逢年过节，烧制上十六样菜品已经成为惯常的数目。乡村酒席宴请，菜品的种类也有二十二道之多。

“不仅菜品增多，原本村民办酒席都在自家宅基或广场搭棚，现在则有专门的宴会厅可供出租，省去了不少麻烦。土厨师的工作环境，也从室外搬到了室内。”说到这些变化，夏金良脸上满是笑容。

而近年，随着廊下郊野公园旅游业的蓬勃发展，夏金良的一些同行们也利用周末休息的时间到农家乐去做帮厨，每个月有几千元的收入。如此看来，乡村土厨师们有了更多“用武之地”。

其实，在今年春节前，夏金良已经为几户人家办过酒席。就在不久前的2月初，他还为一户人家办过满月酒，赶上新年的喜气，好不热闹。

“以前过年的时候，我也会带着家人出去旅旅游，杭州、北京等都去过。今年，就在家里好好过个年。”作为一名乡村厨师，夏金良对过年吃食的烧制轻车熟路，早早地就开始准备起新年的菜肴。按照习俗，笋干烧肉和炃(同“撞”音)糕是必不可少的。

笋干烧肉看起来容易，做起来难，一道菜的烧制往往要历时几天。新买的整块笋干，先要在水里泡发 4—5 天，切丝后放在土灶头上烧煮变软。而用料中的猪肉，要选取大块带皮又肥瘦参半的鲜肉，寓意着生活的美满滋润。待所有食材准备齐全，笋干先过油清炒，再放入猪肉和其他佐料，采用农家土灶头的旺火烧制，从除夕当天一早开始往往要烧制到下午方可，历时七八个小时不间断地烹饪，最终才能成就这道香而不腻、软烂鲜美的农家特色菜。

在金山当地，春节吃笋干烧肉的习俗，不知从何时兴起，只知这一大锅经过繁复工序做成的美味，要从除夕一直吃到正月十五。丰美醇厚的口感里，饱含了劳动人民对美好生活的希冀。

炃糕，也是当地过年必吃的。它同样承载了百姓对生活富足、人生美满的祈愿。如今，虽然很多人家已经不再自己做炃糕，而是选择在市场上购买，但吃糕这一习俗还是在金山乡村保留了下来。

“虽然十几块钱就能买到的东西，但自己做出来送亲朋好友，情谊是不一样的。”也有巧手人家选择自己做糕、蒸糕，然后送给亲朋好友，传递吉祥和祝福。

炃糕的原料，是糯米磨成的粉。将糯米粉放到特定的模具里，用蒸熟的蚕豆掺上红糖做成豆沙作为馅料填充，随后上笼蒸熟。这样做成的四方形糯米糕软糯香甜，是年节期间老少咸宜的美味。

做炃糕剩下的余料，还会被做成圆子，成为大年初一早晨的第一餐，也具有祈愿幸福圆满的寓意。

对于淳朴的农民来说，新年炃糕不仅是讨个彩头，还有做炃糕的热闹、送炃糕的情谊往来，这是最难得的。

在乡村，到了做炃糕的时候，往往全家老小齐上阵，筛糯米粉、调馅儿、蒸糕、品糕,其乐融融。新做的糯米糕不仅自家食用,长辈们往往还会多做些分给亲朋好友。在炭糕的人情味儿里,年节的气息也愈发浓厚了。

去奉贤吃一桌“民国喜宴”

杜晨薇

季国章的一年，有一半时间要浸润在厨房间腾腾的热气和油烟之中。他是奉贤四团镇邵厂一带最有名气的乡厨，周遭哪户人家遇婚丧嫁娶，若能请到他来做几桌席，也是颇有面子的事。

四团镇位于上海东南角，初春的寒风从海上吹来，凛凛地仿佛能刺透人心。可天越是冷，季国章的生意偏偏一桩接着一桩，比平日里还繁忙些。这天上午的一位来客，甚至早早预定下 2019 年的吉日，请老季届时出山，为女儿女婿操持一场喜宴。

老季掰着手指头算算，过去这一年少说操持了 150 场酒宴，四面八方的来客多得数也数不清楚。“今年春节，无论如何要给自己放个假。”婉拒了邻村几户乡亲的邀约，季国章早早收起了菜刀、铲勺等做宴的家伙什儿，关起门来享受着属于自己的假日时光。

老季的绝活是“老八样”。所谓“一拼盘八菜四羹二点心”，共 15 道，正好凑成一桌。第一个上桌的拼盘，拼的是 8 种荤菜，糖醋排骨、白斩鸡、闷蛋块、猪肚、猪肝、猪心、爆鱼、虾片，十足的量高高堆起。看似一道菜，实则是 8 个口味，往桌面上一摆，霎时便能“镇住场子”，吸引来客忙不迭地动筷。

“八菜”包括扣咸肉、扣甜肉(走油蹄髈)、扣蛋卷、扣三丝、三鲜、肉皮、肉丝、烧鲫鱼。听名字了无新意,好意头却藏在菜里。4 道扣菜由小碗承装蒸熟后,迅速倒扣于大碗中,依次露出了雪白晶亮的咸肉薄片、焦糖色虎皮纹蹄髈、匀实齐整的蛋皮卷和刀工细密的三丝。三鲜也不止于“三”,汆丸子、鲜发的肉皮、冬笋,加上甜肉、爆鱼、焖蛋的边料,统统下锅,只放少许盐提味。而外酥里嫩的烧鲫鱼,定要最后一个上桌,讨的是“年年有余”的口彩。

那“四羹二点心”里,甜羹取的是小圆子、大西米,咸羹有肉皮汤和鸡丝汤。随着八宝饭、馄饨两道点心上桌,这一席方得圆满。

如今瞧“老八样”,除却这扑扑满的阵仗能让人心中腾起丰年的满足感,似乎也没什么别样的花头。可你若得知在百余年前的民国喜宴上,乡厨们就已经靠着这身手艺拢住八方来客的胃,甚至在摆盘中暗藏智慧,定觉惊奇。

村里老人说,“八”有祥瑞之意。自元代文艺创作中出现了“八仙人物”始,“老八样”的名称就叫开了,如今的菜式至迟能追溯到民国初期。

其时,四团镇上商户林立、酒肆兴旺,良民村的陈桂舟,三坎村的张杏莲,平北村李关桃,长堰村宋家门,均是当地烧“老八样”的名厨,每逢富商大户喜事、建房、做寿,总要重金把他们请至家中,引得周遭乡亲羡慕眼红。久而久之,拜师学艺的乡厨越来越多,“老八样”的烹饪技艺也流传开来。

共和国成立以后,“老八样”非但没有没落,适用场合反而更广了。寻常人家结婚、生子,做“十二朝”或摆“满月酒”都少不了要摆几桌。就连 20 世纪 60 年代三年自然灾害时期,用“老八样”入宴也是农村里的时兴事。季国章说,“老八样”看似无他,却有奇巧之处。同样是一桌子菜,富有富的做法,穷也有穷的吃法。富裕人家摆“老八样”,可以整鸡整鸭大块地切开上桌，以示家底殷实；穷人家摆宴，将鸡、鱼切薄片摆盘，肉下填充白菜、笋块，表面看去仍颇为考究，既给主家撑足了面子，又满满寄托着衣食富足的美意。

随着四团当地城镇化脚步日益加快，而今，大多数村民住进了宽敞的院落和二层洋楼，有着与城市近似的生活与消费方式，却独独在喜宴中保留下了“老八样”这份规矩，实在难得。

传统“老八样”工艺不算精巧，制作过程却堪称繁复。每每有做宴的活计，季国章都要提前做准备。不久前，季国章接下足足 60 桌的长棚席，带了 20 个伙计忙活了两日。

一道甜肉，先要下锅焖煮 2 小时，捞出反复炸制，待到皮脆色焦，再入锅加料复煮，直至汤汁尽收、肉质软糯，才姑且可以放作第二天席间的半成品备用。若是再算上发肉皮、腌咸肉、磨糯米粉的准备工夫，一桌正宗“老八样”的原料怕是要花上半个月才能勉强凑齐。

今年春节一过，季国章就 63 岁了，老骥伏枥，他与这一方灶台的故事还要继续书写。季国章 17 岁随父亲学厨做“老八样”，迄今 46 年。再算上祖父辈、父辈，和两位徒弟，百年传承的“季家门”用一道道菜见证了当地几代人的悲喜。

而之于怀旧的四团人，不论时代怎么变，这一杯老酒、一口土菜背后的乡情满怀，总会是心头的一曲恋歌。

乡村流水席里流淌的乡愁

黄勇娣　李成东

凌晨五点多，东方刚露出鱼肚白，林海鹰便将“吃饭家什”——菜刀、勺子、锅、炉灶，从仓库里拖上货车出发。

很快，闵行梅陇镇华一村的村民会所里，便出现了热火朝天的忙碌景象。手脚利落，忙着洗菜淘米的阿姨，热着油锅准备炸猪皮、蹄筋的掌勺厨师，专心致志做八宝饭、餐后点心的点心师傅，动作娴熟，提前准备冷菜的切配工……这便是林海鹰所在的乡村厨师团队。他们专门为周边农民和居民的婚丧喜事、年夜饭提供酒席服务，十几年来在镇上有口皆碑，甚至还被请到南汇、松江等地办酒席。

与市中心去酒店办喜事不同，按照梅陇的乡俗，办事的东家更喜欢请乡厨团队烧“流水席”，招待亲友们吃上三天八顿。

林海鹰告诉笔者，其实，自己最喜欢烧的，还是年夜饭。今年除夕加上前两天，他们一共烧了 150 桌，全村八成村民都会来一起吃年夜饭，现场浓浓的年味让人陶醉。

林海鹰出生于 1975 年，是土生土长的梅陇镇曹中村人，自幼便喜欢做菜，十四五岁便跟着村里面的厨师走村串乡，帮别人家忙活红白喜事。

当谈到为什么喜欢当厨师时，林海鹰笑着说，小时候物质条件差，能在过年时节吃上一顿别人家的宴席便是天大的美事，因此一直对离美食最近的厨师岗位很是羡慕，并且，他觉得村里厨师做出的菜特别好吃，于是便立志也要当一名乡村厨师。

1995 年，林海鹰来到上海碳素厂做技工，但他并没有放下当厨师的理想，一有空就继续跟着村里老师傅忙活红白喜事的饭食。平时不怎么爱读书的他，还专门买了很多关于厨艺、菜谱的书籍，私下学习研究。

几年后，碳素厂开设厨师培训班，林海鹰立刻抓住这个千载难逢的机会。在培训班里，他认真向前来授艺的大饭店主厨请教，从切配学起，将以前不规范的习惯纠正过来，系统补习厨艺。不久后，他就考取了厨师初级证书、高级厨师证书，目前正准备考技师证书。

2000 年后，从厂里"买断"出来的林海鹰，成了一名全职的专业厨师，目前是一家白领餐厅的厨师长。按常理，平时工作就是厨子的林海鹰可能不会再去走村串乡，当辛苦奔忙的乡村厨师，但他却说，十多年来养成的习惯一直改不掉。

"我平常也没什么其他爱好，就是喜欢在乡下当厨师，帮人家烧菜。特别是在附近几个村烧菜，主人、宾客都是我的老朋友，他们总会特地找到厨房间跟我打招呼。开席前，大家还会忙里偷闲，走出来抽根烟，聊聊近况，感觉很愉快。"林海鹰告诉笔者，对自己而言，为乡里乡亲烧上一桌本帮菜，大家好好聚聚、话话家常，就是最有意思的娱乐活动。

"村里的集体年夜饭，是最热闹的。摆上一百多桌，八成村民都来一起过年，那热乎的气氛我特别喜欢。"林海鹰说。

跟林海鹰一起长大的邻居林彩萍在一旁补充说，2000 年开始，为了热闹，村里十几家村民拼桌子在她家吃年夜饭，每次烧菜的都是林海鹰。后来，村里建了文化客堂间（村民会所），大家吃年夜饭的地点便移到那里了。而文化客堂间，是梅陇镇为了满足村民的精神文化需求而建，曾经是只举行婚丧喜事的村民会所，现在已改造提升成多功能的休闲文化活动场所。

“去年的年夜饭，足有一百五十多桌。动迁后的大家，难得又聚在了一起，来了足有八成村民，特别不容易。当时，我在微信朋友圈发了一张年夜饭的照片，随后，我的初中乃至小学同学在下面齐刷刷留言，表示自己就在现场。要知道，他们大多已不住在本村，大家很长时间没见面了，没想到，一顿年夜饭让大家又聚到了一起……那次，烧菜的主厨也还是林海鹰。”林彩萍说。

林海鹰不善言辞，但聊起美味佳肴却滔滔不绝。

“时代变迁了，拿现在和过去比，真的完全两样。早年我给办事的东家烧菜时，如果台面上有鸡、鸭、鱼、肉‘四大金刚’，甲鱼、黄鳝等河鲜，那就是相当好了，主人很有面子。条件差一点的人家办酒席，就只能整一个‘八大碗拼盘’和八个热菜。但这几年出去烧菜，连澳龙、大闸蟹也成了常见菜，不少人家甚至以海鲜为主。”林海鹰告诉记者，所谓的“八大碗拼盘”就是小排打底，然后配上熏鱼、皮蛋等冷菜，装在一个十寸大的拼盘里；而八个热菜，基本上是茭白炒肉丝、葱花炒鸡蛋等，很多都是白菜、茭白打底，上面则特意放上肉，看上去体面好看，再加上一个热汤、一个酒酿圆子、一个八宝饭，整桌菜就齐活了。那时候，每桌席面上用的鸡鸭，也都不是整鸡整鸭，而是切成块的。

他笑着解释说，20 年前流行烧汤菜，而现在炒菜较多，很大程度上是因为物质条件有巨大差距，因为烧汤菜，用菜油少，而是可以用大骨头熬出的高汤，多放些汤汤水水，吃起来味道不错，看起来分量也足一些。

冰糖羊肉，说是当地办酒席必备的一道菜。这道羊肉菜肴，与现在常见烧法大不相同,甜度很高,但在冰糖稀缺的 20 世纪 80、90 年代,这可是个实打实的硬菜。

这样一个广受村民喜爱的菜,林海鹰自然是烧制它的行家里手。“我们这儿的冰糖羊肉烧法,和其他地方完全不同。别处烧这道菜,都是先把羊肉烫好后,拿出来,以去掉羊肉本身的腥味,而我们是直接将事先冲洗干净的羊肉放进锅里烧,不允许将肉捞出水,不许放入吸油的萝卜等食材,而是保留羊肉的原汁原味。这是老师傅手把手传下来的规矩,违背的话是要被骂的。”

烧冰糖羊肉时,林海鹰先把锅烧热,随后放入油、整块的葱姜起爆,再加入热水,之后放入事先冲洗干净的羊肉。羊肉下锅烧到八成熟时,再将冰糖、盐、老抽放下去,用大火把羊汤烧干,并不断将汤面上的油沫去掉。如此,冰糖羊肉出锅后,色泽红亮,汤汁浓郁,味道鲜美。他强调,烧这道菜时,每两斤羊肉就要放半斤冰糖。

办酒席时,用自制的肉皮烧菜,也是附近的传统。林海鹰说,市场上很难买到正宗的三林肉皮,为了让客人吃到高品质的菜肴,办事的东家往往会请厨师自行加工肉皮。此外,当地还有一个不成文的规矩,那就是办婚宴喜事时,不允许有香干等豆制品,而只能在办白事时用。

“在几十年前,家里办事,比如儿子娶媳妇,都要提前养一头猪或一只羊,办酒席前杀了,用来给厨师做猪下水、发肉皮,那时候的羊肉、猪肉吃起来喷香。许多干货,则要提前几个月采购回来。”林海鹰说,那时因为没有冰箱,不能冷藏菜,所以,除了白事没办法,喜事一般都放到天气较冷的冬天办。

请乡村厨师烧流水席,还有市场空间吗?对此,老林坦言:“现在大家的生活条件改善了,但乡村酒席却越来越受欢迎了。以村民会所里的年夜饭为例,一桌有澳龙、膏蟹等菜肴的宴席,只要两千元就能吃到，实惠又好吃，而酒店里的价格要翻几倍呢。而且，全村人一起吃年夜饭，比家里几个人吃，更热闹也更有年味。”

其实，相对于物质条件富足的现在，林海鹰更怀念“吃一块肉便能口舌生津一天”“一家人办事、全村人参与”的过去。

作为乡村厨师团队的一员，林海鹰并不喜欢现在看似方便的“一条龙”服务。他说，在2000年以前，曹中村人办事，通常是请亲朋中善于烹饪的人或林海鹰这样的乡村厨师掌勺，同时请邻居和亲戚帮忙买菜、洗菜、配菜、端盘等，锅碗瓢盆、桌椅碗筷也都要跟村里的各家借。那时，各家也都有木质的托菜盘，一旦村里有人家办酒席，只要招呼一声，大家便会将托菜盘以及家里的八仙桌、长椅相借，称得上“一家做事，十家帮忙”，村民间感情很热络。

“有时候，办一场婚丧喜事，便能化解一场仇怨。”林海鹰说，因为每家办事都要请村里邻居来帮忙，所以相互帮忙是一个潜规则，只要上门请，哪怕平时关系一般，村民也会去帮别人家做事。如果村里两家人有了矛盾，只要办事时，邀请帮忙，就是一个和解的信号。一般情况下，只要宴席吃完，两人抽一根烟，便能和好如初。

过去烧饭做菜的灶台，也和现在完全不一样，是用砖瓦砌成的土灶。办酒席时，东家的灶台用来烧菜，隔壁邻居家的则用来烧饭、烧开水。在办酒席前，东家就要收集好足够的木柴，而不能用平时自己烧饭用的稻草。因为木柴在炉灶里比较耐烧，而稻草很快就烧完了，不容易控制火候。值得一提的是，曹中村过去有一个制刷厂，村里人每家办事时，都去求取一些木刷边角料，用来做烧火的柴禾。

用土灶烧大锅饭是相当需要水平的，尤其是控温的难度。所以办事时，烧柴火的，一定是能掌握火候的“老法师”。林海鹰的爷爷，就是这么一个能配合厨师火候要求，经常被东家请去烧柴的人。也因此，林海鹰便能时常跟着爷爷进到灶堂间，一边看着厨师烧菜，一边享受着冬日里难得的温暖。林海鹰小时候能与厨师这行当结缘,也有这方面的原因。

早年,还有一个与乡村厨师相辅相成的团队,叫做“茶担”。他们专门负责提供整齐的碗筷、喝水的杯子、勺子等工具。“茶担”很重要的职司,就是宴席吃到一半时,准备数条用开水浇的滚烫的热毛巾,再撒上花露水,弄得喷香,帮客人擦去脸上的油腻。在当时的乡间,这一款特色服务,可不逊于现在的五星级酒店服务。

“现在,在村里吃流水席,越来越像去饭店吃饭,办事的东家也不用忙活什么,来吃饭的村民也是吃完就走,大家少了以前村里办酒席的那股子热乎劲儿。”林海鹰有点惆怅地说道,自己还是喜欢过去那种氛围,经常会怀念,好在,这两年村里开始一起吃年夜饭,让大家又找回了一些乡愁记忆。

枫泾乡间的压轴"土菜"

黄勇娣

接近春节，在枫泾古镇外的一家农庄，笔者见到了 57 岁的乡厨王其祥。当天中午，他带着一早采购好的食材和帮工阿姨来到现场，应邀为几位年轻人烧一桌私人定制的乡下年夜饭。

"这个月我忙死了，天天要烧菜，明天要烧 6 桌，后天要烧 4 桌……最多的一天要烧 50 桌！就连大年三十那天，也有好几家预约，都被我回掉了。一年忙到头，我家里也要烧年夜饭啊！"笑呵呵的王师傅，一边处理食材，一边跟笔者聊天。

只见，后厨的操作台上，才拌好佐料的排骨盛在大碗里，刚油煎过的整条鳜鱼变成了金黄色的，蒜蓉小青龙、豆腐衣包肉则已摆好盘，就等着开饭时再开始蒸，一只锅里正在煮的红烧野鸭散发出浓郁的肉香，砧板上则是老王正在切的本地羊肉……

老王说，自己已经当了三十多年的乡厨，以前是边上班边兼职烧菜，最近十几年成了专职乡厨，在枫泾周边地区也算小有名气；以前，找他烧菜的，都是农村里办酒席的人家，而现在，企业搞年会、朋友小聚，也都会请他上门烧菜，有的是几十桌规模，有的则是一桌、两桌。

当天邀请他来烧菜的东家，是年轻的企业主盛先生。他说，老王和他父母是同村人，都是枫泾镇新黎村村民，自己小时候就多次吃过老王烧的酒席，“他在本地乡厨中属于佼佼者，吃过的老百姓都说味道老好”。前不久，他一位朋友偶然吃到老王烧的菜，赞不绝口，就向他打听是否可以请厨师上门，于是，盛先生在春节前特地呼朋唤友，请大家品尝王师傅烧的年夜饭。

“今晚，我准备烧20道菜。因为以年轻人为主，所以，除了本地农家土菜，还特地准备了一些海鲜，比如梭子蟹、白灼章鱼、蒜蓉小青龙……”老王还跟笔者算起了账，5只小青龙，放在镇上饭店里，一道菜至少1 000元，到市中心饭店更贵，但他亲自去菜场采购只花了400元；当晚这一桌丰盛的年夜饭，所有食材加上烹饪费，大约在2 000多元，好吃又实惠……

正说着话，王师傅冷不丁从锅里捞出一块色泽诱人的红烧鸭腿肉，热情地递到笔者面前：“来，尝一块，看烧烂了没有！”笔者不禁有点懵：“可以吗？不好吧……”立马想起小时候，在灶台前眼巴巴盯着忙碌的母亲，终于被“赏”了一块肉骨头或一根鸡腿，顿时喜笑颜开，急不可待地啃起来，俨然一只小馋猫。

老王说，当地人过年，红烧鸭块是必有的，此外还有红烧鱼、走油蹄髈、红烧大肠、油面筋塞肉等，而且，“过年时吃大肠，还有长长久久的吉祥寓意”。

而当天的“压轴土菜”，则是王师傅小时候就吃过的一道老菜——糖醋油卷，据说当地农村老人都知道，迄今至少有上百年历史了。不过，近些年，农村酒席上已很少见到，年轻人也基本不认识这道菜了。听了这个名字，在场几位当地年轻人果然摇头，直到这道菜端上桌，其中一位才猛然醒悟：“好像我小时候吃过的……”

帮工阿姨正在搓的一只只生油卷，粉粉嫩嫩的，看起来就像一只只肉圆子。王师傅介绍说，所谓油卷，其实是用一层“网油”将猪肉糜卷起来，再搓圆；做这道菜，最稀奇的是这“网油”，它来自于猪肋排附近的一层内膜，上面沾满了白色的猪油脂肪，用来做油卷，既“实用”，口感又嫩滑肥腻，能满足物资匮乏年代人们对食物的口感风味需求。

不过，一头猪身上的“网油”极少，用来做油卷的话，最多可以做两盘菜。而且，做油卷的程序多，比较费事，于是，农村酒席渐渐不烧这道菜了。这一次，王师傅为了做这道菜，提前好几天去熟悉的猪肉摊上预订了“网油”。

为了烧这道糖醋油卷，老王同时用上了两只锅。一只锅里烧好了热油，将油卷倒入其中，煎炸 3 分钟，待油卷变黄后，就可以出锅了；另一只锅同时开始熬糖醋汤汁，油卷炸好直接转投放到褐色汤汁中烹煮，过程中还加入一盘切好的白菜，之后翻炒、收汁，大约五六分钟后，这道菜就可以出锅了……此时，猪肉与糖醋“碰撞”后产生的奇异香气已弥漫开来，悄然钻入鼻中，让人食欲大增。

“以前，农村人都喜欢吃这道菜。相比红烧肉圆，糖醋油卷油而不腻，入口有弹性，再加上烧得糯糯的白菜，好吃又爽口。”王师傅端着糖醋油卷进来，立刻赢得一阵欢呼。几分钟后，一只只糖醋油卷被瓜分一空，之后连盘底的白菜也没被放过……

一顿饭吃下来，应邀而来的几位朋友已开始商议：过了春节，找个环境幽雅的地方，约一帮好友下乡小聚，再请王师傅上门烧一桌土菜吧？想想就美！

“大年初一，看画张吃烧卖！”

黄勇娣

“大年初一，看画张吃烧卖。这是我们古镇的过年习俗，有点年纪的老居民都知道的！”近日，出生在金山枫泾镇的金女士，向笔者推荐自己的家乡年味。从这短短一句话，既可以窥见古镇的优雅，也能感受到她的“接地气”。

枫泾古镇的“画”，有丁聪的漫画，有程十发的国画，还有闻名国际的金山农民画。那么，枫泾的烧卖有啥稀奇的？为什么非得在大年初一吃？

在当地人的引荐下，笔者找到了枫泾最有名的“阿六烧卖”铺子。这家店就开在古镇市河边，枫溪长廊里，紧邻张家桥。虽然店铺并不大，但平时每天都能卖出 300—500 笼烧卖，春节期间更是每天卖出 1 200 笼烧卖，有的食客选择在店里堂吃，有的则买了生的烧卖带回家，自行蒸了全家人一起吃。

“大年初一那天，早上 6 点就有人来排队，一直排到桥头那里……好在我们两个炉子一起蒸，他们大概只需排队 20 分钟，就能吃上热气腾腾的烧卖了。”今年正好六十岁的店铺创始人朱宗其，兴致勃勃地描述大年初一的场景。据说，在枫泾当地，甚至有“不吃烧卖不过年”的说法。

一旁正在品尝烧卖的居民小朱告诉记者,她今年三十多岁,小时候家住枫泾镇的农村乡下,每年大年初一,父母都会带自己来到镇上,一家人坐在一起,吃几笼热气腾腾的枫泾烧卖,然后再去老街上逛逛,这如今已成为了最难忘的年俗记忆。“相比汤圆,这种烧卖小巧鲜美,一口一个,不容易撑着,一个人可以吃一笼。而且,刚蒸好热气腾腾地端上来,也能讨个蒸蒸日上的吉祥寓意。”

笔者细看眼前冒着热气的一笼烧卖,只见它们与上海市中心常见的烧卖并不一样,“个头”小了许多,食客基本一口一只,面皮很薄,内里包着的也不是糯米饭,而是鲜肉冬笋馅,汤汁饱满,如果不看开口的外形,只论口感和风味特点,倒更像是小笼汤包。

“其他地方也曾仿冒过,但因为没有掌握做法的精髓,很难做出皮薄不破、馅嫩汁多、风味鲜美的枫泾烧卖,有的甚至连外形也学不像样。”朱宗其告诉笔者,枫泾烧卖至少已有100多年历史,早在自己爷爷手里时就已闻名,后来销声匿迹过一段时间,但爷爷做烧卖的配方一直在家族内部传承,十二年前,自己重新钻研了做烧卖的手艺,终于再次在古镇上开出枫泾烧卖店。因自己排行老六,所以取名“阿六烧卖”。

老朱透露说,自家祖传的枫泾烧卖制作手艺,关键奥秘在于馅料的配方。馅的原料,包括夹心肉、冬笋、皮冻和各种调料等。拌料非常有门道,如果配比和手法不到位,烧卖的馅吃起来,要么没弹性,要么不够紧实,要么不够鲜嫩,口感会相差甚远。如今,老朱只将配方传给了儿子,小朱每天凌晨都要亲自拌馅料,包烧卖的活儿则有雇来的阿姨们帮忙。

阿六烧卖选用的皮子,也有讲究。这是老朱专门订制的,相比其他烧卖的面皮,它更薄,也更有韧性,不容易破,口感也好。

“再尝尝我家的糟卤，这是整个枫泾镇上独有的。”老朱更自豪的，还有烧卖蘸着吃的祖传糟卤。

他请笔者品尝了茶壶里倒出的特制糟卤后，又另外倒了一小碟醋过来，进行对比。果然，这种糟卤颜色澄澈，口感温和甜润，但又清爽开胃，让人喜爱。据说，为了保证糟卤的新鲜度，每隔三四天，老朱都会亲手做十斤糟卤，用完之后，再亲手配置。

阿六烧卖受追捧，还在于其新鲜度。所有的原料都是当天采购、当天用完，绝不留到第二天。所以，阿六烧卖也是限量供应，一般工作日，是凌晨四点半开门，下午一点关门，周末延长供应时间，但到下午四点也关门了。所以，要品尝阿六烧卖，还必须赶早。

笔者采访时，已经接近中午，但依然不断有食客前来，其中多数人都打包了生的烧卖带走。而老朱总不忘叮嘱：“我们店里炉子火力大，蒸烧卖只要 5 分钟，你们拿回家立刻在电饭锅里蒸，水开之后需要 8 分钟，要是速冻了再拿出来吃，需要蒸 12 分钟……”

据介绍，阿六烧卖的制作手艺，长期只在家族内部传承，所以，之前并不考虑加盟店的经营模式。但这一次，老朱悄悄告诉笔者，自己不愿让别人加盟，其实更多是担心做的人不用心，把老牌子、老手艺搞砸，“今后如果有家境困难的人，愿意踏踏实实去学这门手艺，用心钻研这道风味美食，我还是愿意让他加盟的”。

卖粽子年入千万的阿婆们

黄勇娣

早就听说，在枫泾古镇上，有一户人家卖粽子年销售额可达上千万元。端午节前夕，笔者到古镇上走访一圈才发现，这样的粽子"达人"并不止一家、两家。

位于古镇生产街上的"聚水阁外婆粽"，据说是这一条街上粽子卖得最好的摊位。下午一两点，58 岁的店主袁巧英终于得空，坐到市河边摆放的桌子旁，埋头扒拉起了一碗汤泡饭。她家的摊位上，一位阿姨正在现场包粽子，另一位阿姨则忙着招呼客人。

"昨晚为了煮粽子，我一直忙到凌晨四点，总共才睡了 4 小时。"袁阿姨告诉笔者，端午节前一个月，粽子开始逐步进入销售旺季，现在每天销售量已达 3 000 只左右；接下来半个月，每天销量会快速攀升，最高时一天接近 1 万只，自家聘请的 6 个阿姨几乎来不及包粽子，作坊里 10 个大炉子没日没夜煮粽子，"这 15 天，我每天更没法好好睡觉了"。

笔者看到，摊位前的一份价目表上，共有 11 个粽子品种，包括五花大肉粽、五花蛋黄粽、梅干菜五花肉粽、豆沙粽、赤豆粽、蜜枣粽等。其中，五花大肉粽是最受欢迎的一个品种，占每天销量的 50%左右，每只粽子重 6 两左右，售价为 7 元；排在第二位的，则是五花蛋黄粽，售价为每只 8 元。

为何自家粽子卖得最好？袁阿姨坦言，第一个原因是她家店的位置好，就在三桥广场附近、生产街的拐角处，是大多数游客的必经之地，人气很旺，第二个原因则是"粽子本身好吃"。

吃完饭，她去剥了一只五花大肉粽，切成几片，请笔者一行品尝："你们看，这种糯米的颗粒大，吃起来紧实、有弹性。"袁阿姨透露说，最近，她经朋友推荐，又觅到了一种产自安徽的糯米，价格比市面上的同类产品贵一些，但重在口感好，值得；要是糯米没选好，或是米碎，或是不糯，老客户一吃就吃出来了，下次就再也不买了。

据透露，这个周一，她家共卖出了 3 000 只粽子，其中 1 000 多只粽子的订单来自微信，都是市区的老客户下单的。

为了找到薄而有韧性的粽叶，她还多次亲自去外地选购，前后试过十几个地方的粽叶，终于找到了颇为满意的货源。包粽子的稻草，则专门委托自家哥哥去周边乡下收来，必须是上好的糯米稻草才行，包粽子前浸在冷水里，不易断，还有香气。

粽子好不好吃，最关键的则在于拌米的调料。这个配方由袁阿姨亲自"研发"，酱油、糖等成分的比例，多少米加多少调料等，都不假他人之手。"我从来不加任何香料，所有原料都是最正宗的。"她补充道。

袁阿姨与美食的缘分颇深。她是本地人，17 岁顶替父亲进入枫泾土特产食品厂，在厂里干了 21 年，特别擅长做"枫泾四宝"之一的状元糕。从厂里出来后，正赶上古镇开始发展旅游业，她在古镇上开过蛋糕店、小饭店，不温不火。直到十年前，她租下这个门面卖丁蹄、粽子等，生意终于红火起来了：第一年，只辟出一个小角落卖粽子，一天就可以卖出两三百、五六百只粽子；到了两年后，一天的粽子销量已超过一千只，她自己一个人包粽子来不及，开始请一个阿姨帮忙……

当地人推荐的另一家“程大妈粽子”，则与袁阿姨有着类似的从业经历。据说，这家的“程大妈”，并不是指一个人，而是一家的四姐妹，其中大姐的手艺最好，退休前是枫泾丁蹄厂的职工。土特产食品厂和丁蹄厂，称得上是古镇上最有名气的两家食品厂。5 年前，子女们在网上开出了一家微店，程大妈和妹妹们走上了退休后的创业之路。

这家店位于枫泾古镇的南镇上，相对生产街来说，有点偏僻。但让人惊讶的是，这家店的生意更加火爆，门口有客人正排队购买，一位客人拎着沉甸甸的几袋粽子挤出来，和家人手忙脚乱地摆入车子后备厢中，颇为兴奋。正在店里张罗的朱晓琳，是四姐妹中最小一位“程大妈”的女儿。她告诉笔者，头一天的销量是 7 000 只，是去年此时的两倍，预计接下来每天的出货量在 1.2 万只左右，老客户都是提前一个月下单，然后“排队”等候发货。

她家的客户大多来自网上，所以一天需要十几人帮忙打包、发货。到了晚上，四位程大妈的子女们下班后，都会赶到店里帮忙打包，一直要忙到凌晨一点。“6 月 15 日以后，我们就不接企业订单了，产能实在跟不上。”小朱表示，要是要的量少，还可以挤点出来。

笔者发现，她家的粽子品种有 20 多种，价格也比袁阿姨家略贵。她家的粽子，坚持小时候的味道，但又注重不断创新，腊肠、腐乳等都可入粽，号称“一切皆可包”，市场上但凡出现了新品种，程大妈的儿女们就会买回来品尝，再反复试验，研发自家的新品种出来。

“程大妈”家今年卖得好的品种，有招牌大肉粽、双蛋黄大肉粽、网红爆料大肉粽、梅干菜大肉粽等。其中，网红爆料大肉粽里，包括一个咸蛋黄、一块五花肉、一根海南黑猪肉做的腊肠，料足味美，备受网友推崇；梅干菜大肉粽里的馅料，并不是拌出来的梅干菜，而是家里现炒出来的梅干菜，再包进粽子里，味道完全不一样。

离“程大妈”家店铺不远，还有一家“吴越斋粽子”。让人感到奇怪的是,这店门口并没有摆放粽子,也没有购买的市民游客,但店里的员工却忙得不亦乐乎,大家都在埋头打包、贴标签。店里面,高高堆着一排排即将发货的快递盒。笔者询问得知,最近几天,店里每天要发出700—800单快递,每单大多是10只粽子,多的则有20只、30只粽子,平均下来,一天的粽子销量也接近1万只了。

据介绍,现在,枫泾古镇上,颇有规模的粽子品牌已有二三十家,笔者经过这些粽子门店时发现,有好几家门口都架着直播设备,老阿姨在子女的“包装”和指导下,正一边包粽子一边直播吆喝。据悉,其中最早出名的“潘阿兴粽子”,不仅实现了千万级销售额,还已走出古镇,把门店开到了市中心。

古镇底蕴深厚的“食”文化,孵化出了一个个粽子“达人”,而年轻一代的加入,不仅让粽子卖出了更多花样和风味,也让粽子的销路不再局限于小镇小店,而是借助于网络“飞”向了全国各地,实现了几何级增长。

第四篇章

绿|色|米|道

一上线就被秒杀的韭菜

黄勇娣

“前阵子,我家种的阿林有机韭菜,在叮咚买菜平台一上线就被秒杀!”在上海金山区枫泾镇中洪村,阿林果蔬合作社负责人王林军自豪地告诉笔者,目前,他们每天接到盒马鲜生、叮咚买菜等平台的采购需求量,至少是合作社实际上市量的5倍以上。

据介绍,阿林果蔬合作社的种植总面积大约1 400多亩,其中有机菜田到2020年1月达到570亩,认证的蔬菜单品有58个,成了金山区最大的有机农产品生产基地,而其余的菜田则全部通过了绿色食品认证。不仅如此,这家合作社还同时开展了ISO9000质量体系认证、ISO14000环境管理体系认证,并且曾是金山区第一家通过GAP认证的合作社。

一家小小合作社,为何“迷”上了各种认证?“阿林”的心路历程,在市郊农民中颇具代表性。笔者发现,如今,随着电商新零售模式的兴起,上海郊区农民越来越懂得“爱惜”自家品牌,对参加农产品认证也变得越来越起劲了。

其实,“阿林”最初是排斥认证的。他早年从事建筑施工行业,经常在外面应酬吃饭,逐渐“悟”出了一个商机:健康食材稀缺,干农业机会很大！2008 年，他毅然改行，回到家乡枫泾承包农田，一丝不苟实施“有机种植法”，为朋友和同学生产“值得信任的健康食材”。

“那时候，朋友们经常来农场，采摘、学农、吃饭，生产细节大家都看得见，所以也无所谓有没有认证证书。”王林军回忆说。当时，社会上对于有机食品的种种误解，也让他不愿意为了证书而参加认证，而是把更多心思放在严格执行高标准的生产过程上。

迄今，他的农场还保留了每年四次的会员体验活动，即在清明、中秋、重阳、春节这四个传统节日前后，邀请会员过来体验农事、品尝菜肴，让大家玩得尽兴、吃得开心。“特别是过年前的杀猪菜，吃过的人没有说不好的，我们农场的猪养殖周期长达 14 个月，平时每天吃的都是有机蔬菜，烧出来的猪肉吃着特别嫩，还带有甜味……”对于自家的食材，王林军津津乐道。

但随着种植规模的扩大，随着电商新零售模式的兴起，他不得不开始转变自己的观念：以前，在熟悉的、相对封闭的“朋友圈”，大家都是相信你的，但面向开放的、陌生的大流量消费群，你怎么证明你种出来的菜是真正优质安全的？王林军认为，这时候，自己感觉有“说不清”的无力感，而绿色、有机等认证证书是最好的证明，也是一块进入大市场最直接的“敲门砖”。

他坦言，如今，不参加认证还真不行了，比如进入叮咚买菜、盒马鲜生等平台，起码要持有绿色食品的认证证书，这是基本的“门槛”；而如果不进入这些新零售平台，就很难实现大规模的“优质优价”。

参加各种认证，让这家合作社尝到了甜头。目前，他们的有机产品已进入叮咚买菜、盒马鲜生、春播等平台，产品供不应求，而且获得了较高的附加值。比如他家生产的阿林韭菜，每 300 克一份的终端价为 9.8 元，是一般同类产品的 3—4 倍。同时，合作社每天供应 5—6 吨的绿色蔬菜，都是为大采购商订制生产的，基本不愁销路。

现在,在阿林合作社的生产基地,蔬菜种植执行绿色食品等认证标准之后,许多细节都变得不一样了。

笔者采访当天,正有一批认证专家前来进行 ISO9000 质量认证的审核和辅导。除了审核农事档案和各种文件,专家们还详细指导了基地种菜的各种细节。比如选种,最好选择抗病性强的种子,种子外面不能有包衣,因为有包衣就意味着可能经过了药物处理,这不符合有机生产"不能使用化学合成品"的要求。

整个基地的生产用水,也不再是直接从河道抽取,而是专门营建了一座 30 亩的生态湿地,对河水先进行一番净化处理,之后再经过第三方检测,达标后才能用于灌溉。

这里的每一块田地,每年都要施用大量有机肥,以提高土壤中的有机质含量。同时,基地还探索养殖蚯蚓,既起到松土的作用,也能较好地腐化农业废弃物,为菜田提供优质的蚯蚓肥。

农药的管理使用,更是严格。比如绿色食品生产,必须选用国家目录里面的农药,要对品名、证书、有效期进行仔细甄别,并设置专门的农资库实行专人管理,每样农药都有对应的送货单、入库单;基地工人在使用时,必须开具出库单,并对使用时间、使用量、使用在哪里、安全期多长等做出详细记录,确保万无一失。

"采摘上市的蔬菜,每批次都要进行快速检测,同时,政府部门、认证机构和采购平台每个月也会来进行五六次的飞行检查。"王林军坦言,如今,合作社必须对生产全过程严格把关,每天如履薄冰,容不得一丝差错,"万一哪次检测出了问题,我们就会被一票否决,以后再也不能进入那些新零售平台,10 多年的心血就白费了"。

也因此,他必须"教育"好农场的那些老农民,让他们"心甘情愿"严格执行认证体系和现代化生产中的各项标准。

他给笔者讲了一个曾让他哭笑不得的故事。有一段时间,基地采收生菜，按标准必须去除最下方的两片叶子，而一位老阿姨“灵机一动”，决定帮老板减少一点损失，带领大家悄悄“修改”了标准，只去除一片叶子，留下另一片叶子。在她看来，最下方的两片叶子分量最重，卖相也好，去除实在浪费。但最终，上千斤的生菜全部被要求“返工”，成为让老农民们难忘的一次教训。

这个故事也告诉我们，农产品认证“红火”的背后，是沪郊农业经营主体和产业工人正在悄然发生变化。

天天喝酸奶的猪

阿　简

上海黄浦江上游，松江浦南地区，“二师兄”和10余万众徒子徒孙住在一起，过着身在凡尘、赛似神仙的好日子：住在一个个生态别墅里，周围环绕一大片庄园，每天每餐都配酸奶，日常喝的是小分子水，万一身体不适，还有中草药来调理……

这样的真实故事，就发生在上海松林公司的生猪养殖基地，那里已是上海本土规模最大的生猪养殖基地，年出栏生猪15万头左右。松林公司负责人王龙钦详细介绍了这些猪的“生活条件”——

住生态别墅。与其他规模养殖场不同的是，松林基地由90多个“种养结合型”农场组成，每个农场每批只养500头猪，周边匹配150亩稻田或菜地，猪场粪便全部发酵还田，实现封闭式循环。住在别墅里，养殖密度低，空气好，环境好，“二师兄”的心情好，身体状态也好，平时一般不容易生病。

餐餐有酸奶。基地专门给猪吃微生物饲料，这是一种发酵饲料，里面添加了肠道益生菌，相当于人们喝的酸奶，可以提高猪的免疫力。据透露，对于“二师兄”的酸奶，基地一位副总经理也颇为喜爱，经常取来自己喝一点。

喝小分子水。基地特地花 18 万元引入设备，对“二师兄”喝的水进行过滤处理，让他们每天喝上了小分子水，据说“比人喝的水还干净”。

中草药调理。为了起到防病抗病作用，基地在猪的饲料中还添加了中草药，探索全程无抗养殖。因此，这里的猪成活率、繁殖率都特别高，即使冬天也没什么病……

如此方式产出的猪肉，当然备受欢迎。“一家烧肉，满楼飘香。”据说，凡是吃过松林猪肉的人，没有说不好吃的，越来越多的市民如今首选就是松林猪肉。

松林猪肉曾参加全国优质品牌猪肉大赛争霸赛，一举获得“健康猪肉奖”“食鲜猪肉奖”两项大奖。

对于松林猪肉，笔者爸妈话语最朴实：“现在，即使回老家，我们也已经吃不惯普通的猪肉了，觉得没有香气，口感也偏硬……”

香气从哪里来？王龙钦回答道：“经过专业机构检测，松林猪肉里的谷氨酸含量，比一般猪肉要高出 15%以上！”现场的农业专家补充说，谷氨酸是氨基酸的一种，它有鲜香味，味精的成分就是谷氨酸。

这首先与猪的品种有关。2011 年，松林公司花大本钱率先从荷兰引进了托佩克猪种，它耐热、抗病，猪肉口感好，适合亚洲人的口味，产出的五花肉特别嫩、鲜。但它也有缺点，那就是生长周期长、产量低，同样花 6 个月以上时间，其他品种的猪已长到 130 公斤，但这种猪才 110 公斤。

王龙钦坦言，他们引进新品种，并不追求生猪“长得快、产量高”，而更加在乎猪肉“口感好、有营养”。

除了浓郁的香气，这种猪肉的另一鲜明特点，就是有着明显的大理石花纹，乍一看就像是雪花牛肉，“这是因为猪肉的肌间脂肪丰富”。如此，烧煮后的松林猪肉，哪怕全是精肉，口感也不会硬实，而十分松嫩，不柴，越嚼越香。

然而，即使这样，王龙钦还是不满足。前不久，他特地请来了上海农产品质量安全中心的一批专家，对猪场负责人和技术骨干进行专门辅导，说是要申请开展绿色食品认证，力争成为上海第一个通过绿色食品认证的猪肉品牌。“现在，消费者的要求越来越高，我们必须提前打好基础、做好准备，才能在市场上具有识别力、竞争力。”

第一批，松林公司计划对 2.5 万头猪开展绿色认证。这就意味着，接下来，从母猪怀孕开始，到小猪、商品猪，都要建立起一整套独立封闭的绿色生产标准和质量管理体系，对饲料、添加剂、动物福利、兽药都要严格要求，特别是猪的饲料必须达到绿色标准！

这也意味着，启动绿色认证之后，每头猪的生产成本至少要增加 300 元，第一批 2.5 万头猪就要增加 750 万元投入。“划算不划算，暂时还不知道。但绿色认证势在必行！”王龙钦决心很大。

与此同时，经过一年半的努力，松林公司已经完成了对 300 多亩大米的绿色认证，今年还将全面推进 1.5 万亩稻米的绿色认证。前不久，在全国农博会、全国绿博会上，松林大米又斩获了两个全国性金奖。这几年，虽然售价达到每公斤 20 元左右，但松林大米依然供不应求。

“有香气、有颜值、冷饭也好吃”，成为许多消费者选择松林大米的理由。

而通过绿色认证的松林大米，可以让消费者吃得更放心。在种植过程中，化肥减量 50%以上，主要施用有机肥，农药只能在“白名单”中选用，四周环境必须良好，附近不能有化工厂、垃圾填埋场……最后的大米产品还要经过重金属、农残等 10 多项指标的检测！

从松林大米到松林猪肉，这两样绿色食材的铸就，将让老百姓的“菜篮子”更加有底气。

探访全国最大真姬菇工厂

黄勇娣

最近，笔者来到了位于上海奉贤区的一家绿色食品生产基地——上海丰科生物科技股份有限公司。

作为全国最大规模的真姬菇供应商，丰科公司也是全国真姬菇工厂化生产模式的“领跑者”，更是全国少有具有自主知识产权的食用菌生产企业，目前拥有23项有效发明专利哦。

那么，真姬菇到底是哪一种食用菌？

“蟹味菇、白玉菇，听说过吧？它们就是真姬菇，也是我们一直以来的主打产品。”现场技术员说完这些，马上又补充一句——“这两种食用菌的名字，10多年前就是由我们丰科命名的！”

据说，取名“蟹味菇”，是因为它吃起来有浓郁的蟹香风味，十分鲜美；而“白玉菇”，则因为其长相，亭亭玉立、白白嫩嫩，算是食用菌里的“金枝玉叶”，它口感清淡一点，但很受上海人的喜爱。

与金针菇相比，蟹味菇、白玉菇除了鲜美，更大的特点是口感脆嫩，吃起来有Q弹的感觉。食用前，只要用水轻轻冲洗一下即可。它们适合各种烹饪法，包括清炒、凉拌、煲汤、红烧等。

真姬菇有啥稀奇的？

通过这次深入采访，笔者才了解到，这属于一种珍稀食药用菌，其中含有赖氨酸、亮氨酸，可与蛋奶制品和肉类中的缬氨酸、含硫氨基酸有效互补，实现膳食营养均衡，促进人体吸收。

更值得一提的是，蟹味菇、白玉菇还含有β-1,3-D葡聚糖。王淼、丁霄霖在《葡聚糖生物活性与结构的关系》中证明β-1,3-D具有抗肿瘤活性、抗辐射作用以及抗炎作用。

既然真姬菇这么厉害，它的“普及率”为何远远不如金针菇呢？据统计，目前全国真姬菇的日上市量在800—1 000吨，而金针菇的日上市量是其十几倍、几十倍。在价格上，金针菇的出厂价在每公斤5—6元，但真姬菇每公斤高达15元左右。

其中关键原因在于，真姬菇的工厂化生产难度高！要知道，金针菇一般在四五十天就能长成，目前全国最大规模的工厂化食用菌生产品种就是金针菇，但真姬菇的生长周期需要180天，周期越长，对环境和技术的要求越高，要是过程中出现一点污染，就可以导致全部“绝收”，前100天的付出变成徒劳。

10多年前，真姬菇的全国第一个周年化工厂出自上海丰科，如今全国许多食用菌工厂都是“拷贝”自丰科当年的模式。

“我们家里要吃食用菌，都是从自己工厂直接购买，这样最放心。”丰科公司不少员工自豪地告诉笔者，作为较早通过绿色食品认证的生产基地，工厂每年都要经过几十次飞行检查，每次都做到了“绝无问题”，均通过了209项农残检测的无农残检出。

更重要的是，这里的员工亲眼见证了一个个生产环节的严格把控——

原料，包括麸皮、米糠、玉米芯等，都是从大型供应商那里采购，力求满足绿色食品认证的要求；

培养基阶段，要经过高温高压消毒，以保证所有微生物有害菌都被杀死；

在生产区域，所有设备和墙面都要经常用水清洗，同时采用紫外线、臭氧机杀菌消毒；

工人操作时，手都要用75%浓度的酒精消毒，用于接种菌种的铰刀等金属工具，更是要用火焰灼烧；

工厂的接种室和菌种室内，都达到了万级、十万级的洁净度……

也因此，现场技术人员说，工厂车间里产出的蘑菇，是可以采下直接吃的！嗯，笔者小心翼翼尝了一根，还真有一股别样的鲜味！

更让笔者惊讶的是，丰科生产的真姬菇保鲜期格外长，放在冰箱里可存放40天，在常温下也能保存7到10天。这是一般食用菌没法做到的。

据透露，作为上海市的绿色食品生产商，丰科已成为全国绿色食品示范企业，目前上海获此殊荣的只有4家。如今，丰科的真姬菇已远销新加坡、马来西亚、越南、美国、欧盟、澳大利亚、南非等57个国家和地区。比如去美国，海运的路途就需要30天，保鲜期够长吧(当然，集装箱里是保证全程冷链的)!

其实，上海的消费者更有口福！丰科基地采收的真姬菇，当天就会出现在各大超市的货柜上，绝对最新鲜。

绿色食品认证，提升了品质口碑，推动丰科菌菇在市场上快速拓展。现在，丰科已在上海、青岛、秦皇岛都建立了工厂，真姬菇单品日产量达到130—150吨，占到全国产量的20%左右；今后，随着丰科成都工厂的建成启用，其日产量更将翻一番。

无人售货机里的绿色大米

阿　简

在上海松江区的黄浦江源头，泖港镇徐厍村旁，有一片 600 亩的绿色稻米生产基地。

这里处在水源保护地范围内，附近是数百亩的水源涵养林，没有工业，没有污染，具有“水净、土净、气净”的优势。

但即便如此，基地主人还不满意，于 2009 年从我国台湾请来了几位土壤改良专家，对这片稻田进行了为期两年的土壤修复，解决了土壤中钾含量偏多等问题。

之后，基地便开始了系统的绿色食品认证，对生产环境、生产管理等进行全方位的标准化规范，埋头用心打造一个绿色大米品牌……

2012 年，“鼎优”大米正式通过了绿色食品认证。在认证过程中，有关部门除了定期对基地的水、土等环境指标进行检测，还对大米产品开展重金属、农残、微生物等 10 多项指标的检测，都达到了绿色标准。

生产环节的绿色努力，很快得到了回报。2016 年到 2018 年，“鼎优”大米连续三年获得了中国绿博会金奖。

那么，这种绿色大米的“好”，消费者能吃得出来吗?

上海鼎优农业科技有限公司负责人笑着说，产地环境和生产过程的绿色把控，不少人是"吃"不出来的，关键是靠诚信支撑。为此，公司还建立起了从生产到销售的一体化溯源系统。"不过，吃过的人都说好，这种米的口感、风味就是不一样。"

"优中选优"的品种值得一说。笔者了解到，"鼎优"大米的主打品种是"南粳46"，特别适合江南人的口味偏好，煮出来的米饭软糯，带有一股清香，冷饭也不会变硬；另一个品种"松早香1号"，也具有类似特点，而且是早熟品种，可以让市民赶早吃到当年的国庆米。

因此，这种大米的价格也很"美丽"。据说，"鼎优"大米的均价在每500克8元，罐装400克规格大米的价格则为每罐10元。

目前，"鼎优"大米已进入了全国各地300个无人售货机，格外受年轻消费者欢迎。每月，每台无人售货机可卖出400多罐大米，销量领先于饮料、食品、数码、个护等品类，位于第一。

据预计，到2019年底，"鼎优"大米的无人售货机网点可达到1 000个，分布在上海、武汉、南京、厦门、青岛、郑州等城市。

而且，这些无人售货机都布设在银行网点中，包括工商银行、建设银行、农商银行、中信银行等，大堂经理还会进行现场引导、推荐。2018年11月以来，"鼎优"仅通过无人售货机就卖出了几万斤绿色大米。

2019年，公司的大米销量成倍增长。据透露，建设银行已提出了100万份绿色大米的订单，每份大米在5斤，订购总量将达到500万斤。这还不包括其他银行和网络平台的销量。

这100万份大米的消费者是谁？原来，建行与上海志愿者基金会等单位进行合作，推出了志愿卡、公益卡，志愿者开卡就可以获得一份绿色大米礼品，平时参加志愿服务的工时也可以在无人售货机或网上兑换绿色大米。而其他银行的信用卡客户，也可以通过积分兑换的方式,在银行网点的无人售货机上取得大米。

“羊毛出在狗身上。”也就是说,拿到大米的是消费者,而负责买单的则是各家银行。这也是在互联网金融时代,各大银行“获”客、“活”客、“粘”客的一种创新举措。绿色大米为金融机构“引流”,实现了一举多赢。

为什么众多银行选择“鼎优”大米?绿色食品的品质,金奖大米的口碑,时尚的小包装,合适的价格区间——这些造就了“鼎优”大米的综合竞争力!

有一个数据,让鼎优公司负责人颇为自豪。在“工行融e购”APP上,中国绿色食品发展中心专门开辟了一个“绿色馆”,网罗推荐了全国各地的绿色食品,“鼎优”大米也位列其中;2018年10月、11月,“鼎优”大米在平台的8 000多种大米中脱颖而出,销量排到了第一位。

绿色大米“链”上金融机构,农产品“嫁接”无人售货机——“鼎优”大米开创了一种全新的农产品营销模式。

2019年,整个松江区的绿色大米生产基地已达5万亩,而“鼎优”公司接下来有望带动当地1/4产量的销售。

挂在树上就卖完的南汇水蜜桃

黄勇娣

7 月,小有名气的南汇水蜜桃将成熟上市,供应期持续一个月。让人惊讶的是,许多爱吃桃的人士已经迫不及待地提前“下手”了。

这些天,在上海浦东新区的新场镇,当地一家桃咏合作社的基地里,工人们每天忙着采摘西瓜、分拣西瓜、包装西瓜。合作社负责人何明芳已经喜滋滋地告诉笔者,今年合作社的水蜜桃供应量在 7—8 万箱,眼下虽然桃子还没成熟,但他们通过预售券的形式已经提前“卖出”了 1 万箱。

为什么能做到这一点? 关键,还在于“桃咏”的品牌影响力。

20 多年前,原南汇地区的农民还在用马甲袋卖桃,不仅销售难,价格也上不去,就是这家合作社,带头进行农产品的分拣、分级,率先推出了黄色包装箱的销售形式,并把礼盒装越做越小、越做越漂亮,引来了当地农民和其他合作社的争相效仿。

由此,桃咏合作社也成了南汇水蜜桃销售领域的知名品牌。许多老客户表示,只要认准“桃咏”品牌,就能吃到最正宗的南汇水蜜桃,品质和口感都有保证。

而提前购买预售券,不仅自己能在第一时间吃到新鲜水蜜桃,还可以把券送给亲朋好友,届时只要预约一下,产地就会在第二天送货上门。

目前,桃咏合作社的水蜜桃基地为 505 亩,同时辐射带动周边 2 000 多亩桃园的销售,多年来帮助大量桃农解决了销售难题,算得上是当地数一数二的“桃司令”。

名气越做越响,背后有什么奥秘? 何明芳说得很直接:“早在 10 年前,我们就进行了绿色食品认证,正是因为桃子品质过得硬,才赢得了消费者的认可,在市场上形成了独特的品牌竞争力。”

何明芳一直有很强的品牌意识。最初,她通过分级包装,打开了水蜜桃的销路,但后来,这一做法很快被别人抄袭了去,她又率先注册商标、成立公司,努力做到“人无我有”;2009 年,她的 500 多亩桃园率先通过绿色认证,2010 年被评为上海市名牌产品,2011 年获得了上海市著名商标……在品牌升级的道路上,卖桃的同行一直只有追赶她的份。

提起申请绿色认证的初衷,何明芳坦言,以前,作为一家卖桃子的老品牌,自家靠的是老客户的口口相传,但后来,随着电商蓬勃兴起,他们开始面对大量的陌生客户,如何快速赢得消费者的关注和认可?“拿到绿色食品的牌子,就获得了一块过硬的敲门砖!”

也因此,在 2012 年“三公”消费全面缩减,大多农产品销售商遭受沉重打击的当口,桃咏合作社在 2013 年的销售不降反升,居然同比增长了 30%以上,成为同行中的一个奇特现象。

目前,在农产品的销售渠道上,桃咏合作社实行“几条腿走路”:20%通过预售券的形式卖出;20%—30%通过天猫、融 E 购等电商平台销售;50%左右通过自家的三个门店销售(分别位于浦东惠南镇、新场镇)。

在价格上,10 多年前,当地桃农“论筐卖”,有时一块钱几斤也卖不掉，但如今，南汇水蜜桃已是“论只卖”，价格是以前的二三十倍，还经常供不应求。

据透露，“桃咏”水蜜桃2019年的价格已经出炉——8只桃(每只规格在半斤以上)，一盒150元；12只桃(每只规格在四两五以上)，一盒150元；8只桃(每只规格在六两以上)，一盒200元。

一只桃子卖到了20元左右！这么看来，如今“吃桃”也是一件奢侈的事了。

那么，绿色认证过的桃子到底不一样在哪儿？

在土壤方面，必须经过重金属等指标的检测，每年的检测都必须达标；

在用水方面，也必须达到一定要求。为此，桃咏基地特地建设了一个泵站，桃树“喝”的水都必须经过一番过滤处理；

在用肥方面，基本都要用有机肥。在桃咏基地里，每亩种植桃树27棵，每棵都要施一袋50斤的鸽子肥，同时每亩地还要施400斤的蚯蚓肥；

在用药方面，都要按照国家公布的绿色目录，选择低毒高效的农药，而且每种药只能用一次，从结果到采收不能重复使用同种药两次，如果使用了违禁药物，就会被一票否决；

在追溯方面，基地每天都要记录农事档案，什么时候施肥、什么时候用了什么药……都要记录得十分详细，并定期上传到政府监管平台……

“虽然种植比以前麻烦多了，但我们也尝到了绿色认证的许多好处。”何明芳告诉笔者，因为施用了大量有机肥，基地产出的水蜜桃香气更浓、甜度也更高，连普通消费者都能吃出差别来；有了绿色认证的保障，消费者也能买得放心、吃得开心，“说得更直接点，要是没有通过绿色认证，我们这几年也根本无法进入盒马等知名平台，最近，盒马一天的西瓜销量就有2 000多箱……”

正因如此,眼下,桃咏合作社又开始了对西瓜和甜瓜基地的绿色认证,计划在一两年时间里实现全覆盖。

在生态岛上织梦的“番茄姑娘”

阿　简

虽然是夏季农闲时节，但在上海崇明区向化镇的享农果蔬专业合作社，工人们却每天忙着采摘番茄、分拣番茄、包装番茄，一千亩基地的番茄日上市量有3万斤。

让合作社工人们自豪的是，因为基地生产的都是经绿色认证的番茄，所以价格比市场上的批发价平均要高40%。

合作社的带头人，是在市郊小有名气的“番茄姑娘”倪林娟。最近，她也是格外忙碌，除了操心合作社的大小事，还要站到市农广校、上海交大、东海学院等学校的课堂上，为年轻学生和来自湖北、安徽、云南等地的年轻农场主们讲授“一二三产业融合的‘农业＋’”实践。

出生于1979年的倪林娟，毕业于东华大学，当初学的是设计。2009年长江隧桥贯通，离岛十几年的她，毅然回乡当起了新型农民。如今，她不仅开辟了自己的“番茄王国”，还用心耕耘出了一条绿色产业链。

“我特别热爱家乡的田园生活，回乡创业也是为了圆一个儿时的梦想。取名‘享农’则寓意能够享受农业，并与大家分享农业的快乐。”倪林娟用十年实践告诉人们，自己并不追求短时间的暴利，而是从一开始就注重生态环境的保护，扎扎实实生产具有生态岛优势的绿色产品，并在生产中不断融入自己的创意，把农场和农产品当作自己的艺术品，不停地输入艺术风格和个性追求。

“番茄姑娘”是个善于把握大势的现代农人。她深刻认识到，随着崇明加快建设世界级生态岛，2020 年前崇明绿色食品认证率达到 90%的艰巨任务，对新型农民来说既是挑战，更是机遇。未来，绿色农业必然是主旋律。

于是，享农合作社在 2015 年对番茄开展了绿色认证之后，在 2017 年又大规模认证了青菜、杭白菜、芹菜、白萝卜、叶用莴苣等品种。

这个过程，并不容易。在农业部门技术人员手把手指导下，他们建立了绿色食品生产的一整套管控制度，包括种子种苗管理制度、农药化肥仓库管理制度、蔬菜病虫害防治制度、蔬菜产品采收质量验收制度、员工教育培训制度等。

同时，严格落实到相关责任人，严格按照相关制度执行。基地实践以技术标准为核心的“从土地到餐桌”全程质量控制的技术路线，不断推进绿色食品认证管理的科学化、规范化、制度化。

如今，在享农合作社的几个基地里，绿色食品标准体系贯穿生产的产前、产中、产后全过程，涉及产地环境、生产过程、产品质量、包装标签、贮藏运输等诸多环节……

不过，一开始，绿色食品的名头，并没有带来好的价格。为此，“番茄姑娘”也曾有过情绪。但后来，随着自身品牌建设的推进，随着绿色食品内涵的进一步推广，她逐渐尝到了绿色认证带来的甜头。

之前，一家全球知名的餐饮集团寻找供应商。它叫翡翠集团，起源于新加坡，在招标的时候有一个前提条件，就是农产品必须通过绿色认证以上。“享农”基地位于有着生态优势的崇明岛，并在政府帮助下完成了多个品种的绿色认证,最后完美中标。

不仅如此,“享农”的农产品如今已进入盒马鲜生、叮咚买菜、康品汇生鲜超市等平台销售,一开始的准入门槛也都是绿色食品认证……

学设计出身的倪林娟,还策划推出了一系列绿色农业的体验项目,一年接待3万人次的市民游客前来采摘、品尝、学农、享农。

在“享农”基地,绿色农产品生产大棚上都挂有一个二维码,人们可以扫码进行信息追溯,包括产品名称、何时定植、怎样施肥等农事操作,以及何时成熟、预计产量是多少等。这既是绿色农产品公信力的体现,也增加了体验农业的知识性、趣味性,直接提升了绿色农产品的附加值。

在此过程中,她提倡的“农业+”理念,将一二三产业融合发展之路越走越宽。

“+科技”:用物联网技术、远程实时监测控制诠释“用网增效”,通过智能装备、物联网、互联网、大数据等技术让农业集约、高效、安全。精细化过程管理,提高了生产效率,实现节本增效,2017年基地比之前节本20%,增效20%。

“+CSA”:用社区直销让社区和农场互动了起来。据不完全统计,“享农”已和10万户社区居民建立了供应体系。每周2次的社区直销,一年共52周20个活动点,社区直销在2018年创下469万元的销售业绩。

“+生态”:让“享农”做到了农业废弃物肥料化、燃料化、饲料化综合处理。变废为宝,合作社做真正的循环农业,在世界级生态岛的建设中添砖加瓦。

“+教育”:作为中央农广校授予的“田间学校”,基地不仅培育来自云南、贵州、安徽、江西、四川等全国新型职业农民3 200人,还研究和帮助残疾人这个特殊群体在农业中的就业,共计培养212名残疾人新型职业农民。目前,“享农”合作社自己录用了 35 名残疾人,服务于电商部、物流部、仓库、秸秆综合利用部等部门。

“+爱心”：积极帮助周边困难农户,教他们技术,发他们订单。倪林娟与 7 个村 563 名农村困难残疾农户签订联动协议,带动他们劳动增收。

除此之外,倪林娟还不停输入艺术风格和个性追求,主推“农业+旅游”“农业+文化”等模式。由她率先提出的“农业+医疗”的农疗活动,不仅可以帮助自闭症和智障的孩子们,还能给压力过大的都市人进行农疗心理疏导。

如今,在倪林娟的创意探索下,绿色农产品的产业链、价值链不断深化。“番茄的绿色认证,在我们的会员和顾客中形成了公信力。与此同时,我们的绿色农产品体验也在不断延伸,比如采摘番茄、做番茄酱、番茄插花、美食创意、番茄盆栽等,让人们在互动体验中进一步了解绿色农产品的价值内涵……”

“80 后”农夫的追求

黄勇娣　殷洁如

“目前，第一批大果已经卖完了，接下来要等。能采摘了，我就通知你……”最近，在位于上海金山区朱泾镇大茫村的禾希农庄，农庄经营者卫亮一边忙着分拣番茄，一边不停地接听老客户的电话，都是急着要货的。

据透露，不少老客户预约后，往往要等一周才能吃到这家基地种的番茄。根据一些资深吃货的“情报”，这家基地生产的番茄，外形不是最美，但胜在汁水足，生食起来特别鲜甜，咬一口，就能想起小时候的味道；用来烧番茄蛋汤，放点榨菜，不用额外加一滴水、一粒盐，好吃到能让人恨不得把碗底舔干净……

在基地的装箱现场，笔者看到，这里的大番茄确实和市面上的不太一样，最直观的感受是个头大，有的甚至有小南瓜那么大，大到成人的手都不能“一手掌握”。虽然卖相不是最整齐精美，但其香气却十分浓郁，笔者一走近装箱现场，一股番茄特有的清香气息就钻进了鼻息之间。

据介绍，一盒 12 只装的大番茄，售价在 120 元，论只卖的话，每只番茄 10 元。笔者询问了下，一盒大约 6 斤左右，每只番茄在半斤左右，论斤卖的话，每斤番茄的售价为 20 元，价格不便宜。

一位专程赶来买番茄的刘阿姨说，自己是参加了不久前的金山购物节开幕式后，辗转找到这里的，“他们家可不好找哦，我上次在百联金山购物中心的农产品展示区看到了这种番茄，当时箱子上没有电话，就一个农庄名字，我就拍了张照片回去，后来又问了好几个朋友，才打听到了这个地址”。

原来，刘阿姨的女儿近期孕检查出了高血糖，要严格控制糖分摄入，为了保证营养，她一直在寻找低糖的优质水果，当她看到这个卖相好、得过奖、还经过绿色认证的“桃太郎”番茄时，就想着法子要给女儿买来吃。

刘阿姨一边选着番茄，一边埋怨包装盒上为什么不印电话，让她找得好辛苦。卫亮朝笔者耸耸肩，笑着解释说：真不是存心想搞什么“饥饿营销”，“五一”前采摘的 2 000 箱番茄，没来得及装盒就已经被预订完了；目前的产量，在满足已经预订的老客户后，剩下向市场供应的量实在不多了，不过，“但凡找到我们这儿，或是给我们打电话订货的，我们都会尽量满足”。

既然那么好卖，为什么不增加种植面积？卫亮告诉记者，他选择做职业农民的初衷，是想让更多人品尝到小众但优质的品种，培育一株果苗，就像养育一个孩子，要有极致的耐心，才能培育出极致的水果。“桃太郎”作为番茄界相对“精贵”的品种，要想种出好品质、好卖相，并不容易。从 2014 年至今，卫亮及他的团队一直在摸索。

从每年 11 月下旬育苗、壮苗、控肥防徒长，到控品相，对他们而言，每时每刻每个环节都不能有任何疏漏。

“以前，农民种田要看天吃饭，现在大棚种植也是一样，晴天要及时通风，降低环境湿度，阴雨天要做好防漏，不让雨水淋入。‘桃太郎’这个品种喜热怕冷，但要是为了保温关紧大门不通风，又会导致湿度上升，就容易感染病毒。所以，温度和湿度的精准调控，是保质又保量的关键。”对于番茄的种植，卫亮说起来滔滔不绝。在他看来，除了高科技的设备辅助，最主要的还是人力的看护和长期的技术积累。

为了保证绿色食品的安全性，基地自有一套防虫防病的办法。卫亮认为，物理防治加生物防治，比得病之后打农药更有效。物理防治，就是做好大棚内部的清洁及湿度温度的调控；生物防治，简单来说，就是以菌克菌、以虫克虫，比如，用木霉菌和枯草芽孢杆菌防止灰霉菌的滋生，用除虫菊素防虫，防大于治，才能保证每颗番茄的绿色健康。目前，禾希的种植基地已经获得了绿色食品生产基地的认证。

当天，笔者还随卫亮参观了种植大棚，只见棚里的番茄虽都饱满圆润，却还都是一色的青绿。看笔者有疑惑，卫亮解答道：“‘桃太郎’酸度6%、甜度7%，黄金的酸甜比，使它无论生吃，还是做菜，都十分鲜美。但是，高酸甜度也使它不容易储存。所以，为了保证口感，我们需在采摘前算上运输与销售的时间。”

说着，他就顺手摘下一只番茄，继续科普：“像这种青色底透着一丝丝微红，正是采摘的最好时期，再放上2至3天，就刚好能食用了。另外，‘桃太郎’成熟后的成色是粉色，如果变为了大红，那就说明已经熟过头了，所以，在大棚里看到成串红色的景象是不可能的。”

为了保证番茄品质的稳定，卫亮还采取了一年只种一茬的策略。这样，虽然牺牲了一部分的利润，却保证了土壤的肥力，来年才能结出品质上乘的果实。“宁可降产也不能降质，长期的口碑比多赚一时的钱更重要。”这是他一直坚守的原则。

一个耿直的果农，一波好吃的番茄，使得闻“鲜”而来的食客越来越多。说起招揽顾客，在卫亮看来，比种植本身容易得多。

目前，禾希农庄的“桃太郎”，都是熟客介绍的。“酒香不怕巷子深”，有了口口相传的好名声，除了本地蔬果经销商看到了商机，宝山、杨浦区的生鲜店也找上门来寻求代理。除了固定的经销商，像刘阿姨一样辗转找来的散客还有许多。比如，家住市区的蒋医生，在友人家吃过一次禾希农庄的“桃太郎”后便念念不忘，问朋友要了购买地址后，就亲自驾车到产地自己挑选。如今，每到番茄的成熟季，她都会携带家人朋友前来采购一番。卫亮也会尽地主之谊，挤出时间，做个领队，带大家去朱泾的网红景点走一走、看一看。

卫亮的合作伙伴小姚还告诉笔者，一年前，通过电话求购番茄的，还有过一位特殊的顾客。这位客人对卫亮说明了自己身患重症的情况，以及想吃点品质好的番茄增强抵抗力的心愿。但因经济困难，他听到价格后明显有些迟疑。觉察到这一点，卫亮二话不说，向这位顾客要了地址，立刻打包了 2 箱番茄，发了加急快递免费送到对方家中。

目前，禾希农庄并没有开拓休闲观光采摘项目。卫亮表示，现阶段，他只想心无旁骛地抓技术、提品质、打品牌。但在一心钻研的同时，他却不吝啬于分享自己的栽培经验。在他的农庄里，有一间专为周边农户准备的田间课堂，在这里，他毫无保留地传授自己的种植心得，提供实用的种植技术。如今，在他的领头下，朱泾镇周边朱行、亭林镇的农户也开始种植起了“桃太郎”。

几天前，笔者又收到了卫亮发来的消息。原来，在近日上海市农业农村委举办的番茄品鉴会上，禾希农庄再次获得了“最受市民欢迎奖”。这已是他们第二次获得同一奖项。

蟹塘里的“七十二变”

黄勇娣

每年10月,全国各地的大闸蟹陆续开捕,人们又将开始一年一度的美好品蟹季。但你知道吗?此刻,春季的三四月,正是各地蟹农往池塘里投放扣蟹的关键时候。美味孕育,从此刻开始。

许多爱吃蟹的大朋友、小朋友可能并不知道:在接下来的8个月里,加上追溯到扣蟹投放前的1年里,大闸蟹不仅总共要脱21次壳,还会出现“变态”行为,每个生长阶段,则有不同的“小名”……

这一次,我们特地请来了上海市中华绒螯蟹产业技术体系首席专家、上海海洋大学教授王成辉,为大家生动讲述蟹塘里的“七十二变”——

笔者:王教授,据说大闸蟹在生长中会出现“变态”,这是真的吗?

王成辉:对的。但这里的变态,指的是形态和状态的变化。

大闸蟹的一生,可分为婴儿期、少年期、成年期三个阶段。其中,婴儿期是指从孵化到大眼幼体的阶段,大眼幼体时期,蟹苗长得就像小蜘蛛一样,最突出的是两个大眼睛。

从婴儿期到少年期,大眼幼体通过一次“变态”,才正式变成一期仔蟹,出现大闸蟹的模样。在这个变态过程中,大眼幼体从软体动物变成了甲壳动物，行动方式从“游行”变成了“爬行”，前进方向则从“直向”变成了“横向”。

笔者：一只大闸蟹的生长期到底有多长？

王成辉：许多人都知道，春天投放蟹苗，在池塘里养殖八九个月，到 10 月、11 月就可捕捞上市，品尝到肥美的大闸蟹了。

但其实，大闸蟹是 2 年生的甲壳动物(虾是一年生的)。每年三四月份投放的蟹苗，只有纽扣大小，叫扣蟹。但这个扣蟹，是花了近一年才养成的，比成蟹的 8 个月养殖周期还长点。也就是说，我们当年秋天吃到的大闸蟹，早在上一年的年初就开始育苗了。

笔者：关于大闸蟹的脱壳次数，有人说是四次，有人说是五次。精确数字到底是多少？

王成辉：随着大闸蟹的体格变大，它穿的“衣服”(甲壳)越来越不合身，每长大一些就要换件大一号的“衣服”，所以就需要一次又一次的脱壳。

正确的答案是，在大闸蟹成熟之前，它要脱壳 18 到 21 次。

笔者：听下来，大闸蟹在不同的生长阶段有不同的“小名”？

王成辉：从抱卵到商品蟹，大闸蟹要经历八九个阶段：抱卵——溞状幼体——大眼幼体——一期仔蟹——豆蟹——扣蟹——成蟹。

其中，溞状幼体是刚从卵孵出来的模样，看起来比较接近跳蚤类；

从溞状幼体到大眼幼体，需要经历 1 个月的时间，过程中要蜕 5 次皮，大眼幼体看起来像蜘蛛，整个身体中最突出的就是大眼睛；

从大眼幼体到一期仔蟹，就是一个变态的过程，完成后，微缩版的大闸蟹模样出来了；

从一期仔蟹到豆蟹，需要 1 个月时间，脱壳 5 次，所谓豆蟹，就是黄豆大小的蟹苗；

从豆蟹到扣蟹，则需要 9 个月时间，需要脱壳 5—6 次。所谓扣

蟹,即纽扣大小的蟹苗;

从扣蟹长到可以吃的成蟹,需要8个月的时间,其间脱壳4—5次。

笔者:听说,现在上海人吃到的大闸蟹,不管是崇明清水蟹、黄浦江大闸蟹,还是阳澄湖大闸蟹,小苗基本都来自您和团队选育出来的蟹种——“江海21”?

王成辉:上海人吃到的大闸蟹,学名叫长江水系中华绒螯蟹。在整个中国,大闸蟹的天然群体共三个水系,分别是辽河水系、黄河水系、长江水系。其中,人们吃到的大闸蟹80%产量在长江水系。

10多年前,在天然环境中,长江水系的蟹苗已很难捕捞到,且品种质量明显退化。2004年开始,我们从长江水系精心选出了一批优秀的野生大闸蟹亲本,之后经过科学方法的严格选育,育出了脚长、体型大、长势快、抗病性强的品种。到2015年,通过品种审定,这就是“江海21”。

现在,“江海21”已推广到全国14个省市,一年供应100万斤的扣蟹蟹苗,养殖水面达到20万亩左右,是长江水系中华绒螯蟹中应用省份最多的一个良种。

笔者:现在,崇明小毛蟹长“大”了,可以轻松养到四五两的大蟹规格,而黄浦江大闸蟹更是连续多年在全国评选中获得金奖,每年销售供不应求,这主要得归功于优质种苗“江海21”吗?

王成辉:种苗是关键因素之一。同时,上海还专门构建起了“中华绒螯蟹产业技术体系”,把职能部门、科研机构、种源企业、生产单位等拧成一股绳,整合资源“主攻”大规格商品蟹的全过程生态养殖技术,最终取得了明显成效,让人们吃到了肥美鲜甜的“大”蟹。

【代后记】

“封控”的日子,打开的天地

黄勇娣

今天是五月的最后一天。窗外,太阳高照,清风拂面。明天,就要解封了。

过去两个月,仿佛是一场梦。有些场景,魔幻而惊心,让人不敢回望;有些东西,动人而治愈,似被烙在了心里,让人不愿相忘,想要记录下来。

这两个月,因疫情被封控在家中,有形的天地变小,但却像打开了无数个暗门,有了许多新发现,无形的天地变得更宽广,也更有能量。这两个月的生命情感体验,是意外之喜,也值得感恩。

我首先“发现”了身边的邻居。原本,这只是一个模糊的概念,如今,这个词已经“幻化”成一个个生动可爱的面孔,让人喜爱,让人敬佩,让人心暖。

一个年轻的理工男,带着自己漂亮的媳妇,成为楼里最主动的志愿者;一个时髦热情的大姐,却是个生活上的“菜鸟”,得到了众多邻居的帮助和宠爱;一位活跃的爷叔,既是一位“高龄”志愿者,也是一位不时投喂邻居的美食达人,还是一位爱仗义执言的“杠精”侠士……

渐渐地,社区大群还孵化出了一个个小群,比如花农群、美食群、骑游群、摄影群、咖啡群等。邻居们找到了志同道合者,也找到了更多欢乐和安全感。

在最初的旁观中,我有一天突然发现,小区已经不再是原本冷冰冰的居住地,身边原来围绕着如此之多的有爱、有才、有活力的邻居。

而之后,更是渐渐被“裹挟”其中。想要求购一瓶酱油,好几位邻居“跳”出来要免费送;家里的食用油快没了,一位医生下班帮忙拎了一大桶回来;想做馒头却没酵母,隔壁楼的小辣妈马上匀出几包……而我也在不知不觉中实施了“小葱外交”,用院子里种出的一把把新鲜小葱,给封控之初的邻居们带去了惊喜。

再后来,社区团购越来越繁荣。我一边参加各种团购,一边观察了各色团长,真心感叹:这些小区团长都是各种能人,生存能力和心理素质真强。他们有的特别负责,有的特别狡猾,有的颇为计较,有的格外洒脱,有的显得忙乱,有的极有担当,有的长袖善舞,有的自私意难平……对他们的描绘,看起来有褒有贬,但他们挥斥方遒的劲头,他们保障供应的努力,让我真心佩服。

在与闺蜜聊天时,她的一段话让我记忆犹新:“那天看新闻,忽然想到,疫情中大家的各色反应,在长征中一定也都有吧。一定有人坚持,有人反对,有人只做不说,有人抱怨骂娘,有人开溜逃走,有人做牛做马,有人牺牲,有人受伤,有人出生,有人掉队,有人受苦受难,有人勇敢前行……”是啊,形形色色,纷繁复杂,但其中,有主流、有方向,最后,长征胜利了。

最近,一个“团长”因脚伤而告别,邻居们一边说着不舍,一边在群里表达感谢。而一个月前,一位医生邻居在采样中不幸染“阳”,被转运之际,他在社区群中发了一段告别文字,没有感伤,只有解释和道歉，结果，并无想象中的“嫌弃”和追问，而是刷屏的感谢之语和一声声的道珍重……如今想来，仍觉鼻酸。

这两个月里，分处全国各地乃至世界各地的大学同学，也变得更加亲近起来。住在上海“老破小”社区的一位男同学，持续直播了他在“阳楼”带领一帮老人抗疫的艰难和辛酸；移居美国的一位女同学，轻松讲述了她家三娃从染“阳”到康复的全过程；在澳洲生活的一位室友，介绍了疫情中一家人的居家生活，以及家中的动植物们；家在北京的一位室友，最初要给上海室友快递各种生活物资，而后期则向上海同学请教“囤货清单”……

毕业二十年来，大学室友一年难得相聚一两次，而这两个月里，大家发起了多次全球“云聊天”，聊到凌晨两点仍难分难舍，仿佛重回大学里的卧谈时刻……这两个月，不管多远的距离，也阻隔不了心的贴近。

这两个月，我还在自然界有了许多新发现：撒在院子里的青菜籽，没几天就从土里顶出两个新芽；围墙上的蔷薇被修剪了枝条，今年开得格外繁盛；小区道路上，居然爬出了一只小刺猬；月季花的叶子上趴着一只怪虫，被小区邻居鉴定为“益虫”，甚至还有人来讨要……

这两个月，我也进行了不少新尝试，掌握了一些新技能：比如，把红薯置于花瓶中育出了叶芽，比如学做包子馒头终获成功，比如跟着健身达人刘畊宏夫妻跳操，体会到夜里四肢胀痛、辗转难眠的酸爽滋味，比如出门放风，排队三小时进超市，看天看地看鸟巢看蚂蚁的久违体验……

这段日子，生活被框死的同时，也被打开了许多个维度，让人看到了不一样的风景。原来，曾经向往的诗和远方，也可以就在眼前、就在身边。

这段日子，看到了不少怪现象，也看到了更多的美好、担当和希望;这段日子,有过紧张,有过惶惑,但更加坚定,要善待身边和遇见的人,要成为有温度、有力量的人……

这段日子,收获如此之多,我不能说感谢这场疫情,却要认真感谢这段岁月里的我们,感谢一切有爱有期待的坚守和努力。

以上记于 2022 年 5 月 31 日,是笔者对上海疫情下数月封控的回望,虽然是特殊艰难时期的日常记录,但因为同样是感悟生活之爱、人生之味,所以将之代为"后记",也算是与如常日子里的乡间米道文字来了一场相遇与相知吧。

黄勇娣

2022 年 8 月 8 日